“十二五”职业教育国家规划教材
经全国职业教育教材审定委员会审定

电子产品测试与检验

朱 鸣 编 著

電子工業出版社
Publishing House of Electronics Industry
北京 • BEIJING

内 容 简 介

本书根据电子整机产品制造企业的岗位能力要求，以学生熟悉的电子整机产品（收、录音机）为检验对象，通过对其主要性能指标的测试过程训练，使学生建立质量管理意识，了解电子产品检验的概况及电子产品检验工艺基础知识，理解产品检验技术条件和测量方法，掌握典型电子整机产品性能指标检测方案，学会规范操作常用检测仪器，理解检验测试工装基本概念，学会正确处理测试数据和出具规范的质量检验记录。同时，培养学生严格按照规章和规范操作的工作作风，加强安全生产意识和质量保证意识，提高学生的实际动手能力、综合应用能力和岗位适应能力。

本书共分 7 章，内容包括：电子产品检验概述、电子产品检验工艺、产品的技术条件标准和测量方法、检测仪器使用规范、检验测试工装介绍、产品检验及电子产品检验质量记录。结合相关内容，本书每章都给出了小结及习题。附录中收入了必要的技术资料以备参考。

本书可供中等职业学校电子信息类专业学生使用，也可作为电子整机产品制造企业检验人员的培训教材。

图书在版编目（CIP）数据

电子产品测试与检验 / 朱鸣编著. —北京：电子工业出版社，2016.3

ISBN 978-7-121-26873-1

Ⅰ. ①电… Ⅱ. ①朱… Ⅲ. ①电子产品－测试技术－中等专业学校－教材②电子产品－检验－中等专业学校－教材 Ⅳ. ①TN06

中国版本图书馆 CIP 数据核字（2015）第 181811 号

策划编辑：杨宏利　　投稿邮箱：yhl@phei.com.cn
责任编辑：杨宏利　　特约编辑：李淑寒
印　　刷：北京七彩京通数码快印有限公司
装　　订：北京七彩京通数码快印有限公司
出版发行：电子工业出版社
　　　　　北京市海淀区万寿路 173 信箱　邮编　100036
开　　本：787×1092　1/16　印张：9　字数：236.8 千字
版　　次：2016 年 3 月第 1 版
印　　次：2024 年 8 月第 6 次印刷
定　　价：21.00 元

凡所购买电子工业出版社图书有缺损问题，请向购买书店调换。若书店售缺，请与本社发行部联系，联系及邮购电话：（010）88254888。

质量投诉请发邮件至 zlts@phei.com.cn，盗版侵权举报请发邮件至 dbqq@phei.com.cn。

服务热线：（010）88258888。

前言 PREFACE

本教材是根据教育部2015年颁布的中等职业教育国家规划教材《电子产品测试与检验》教学大纲编写的。本教材力图填补中等职业教育电子整机检验岗位训练这一空白，首次在综合性实践教学中实现质量检验过程，编写内容充分体现现代科学的教育思想，重视与生活、社会、生产的联系，并根据电子技术日新月异、发展迅速的特点，尽可能反映当前电子信息产业的新技术、新知识、新工艺，更加突出实用性和新颖性。同时，在教材的编写过程中，编者认识到电子产品检验是质量管理体系下的一种技术活动，而对这个活动的过程认识和训练是电子产品检验实习的重点。因此，强调过程控制，使学生主动参与这个控制过程，就会使他们在模拟状态下真正感受、理解标准和规范，为其走向实际岗位打下基础。

作为首次进行此类课程的探索和研究开发，在没有先例可供参考、没有经验可供借鉴的情况下，本教材来自几年的教学应用，大量来自生产一线的真实、具体的检验工艺规范案例，充实了电子产品检验工艺知识，完善了质量检验记录内容，增加了电子产品检验实习质量记录，紧扣实习教学。本书简化了专业性太强的理论内容，知识讲解浅显易懂，注重实际应用，充分结合实际岗位训练要求，实习环节可操作性强。随着经济和科技的发展、教育改革的深化，对中职学校教学内容和体系的改革提出了更高的要求，尤其是广大师生在教学应用中，结合教学实践和电子技术的发展，对教材不断提出了一些宝贵的意见和建议。为此，我们在调查研究及进行多次教学实践的基础上，不断对本教材进行润色，主要的原则是：为更加完整、系统地体现当代电子企业产品检验工艺过程，在内容上有选择地增加了过程检验质量文件、PCB装配焊接检验规程规范、部件组装检验规程、SMT的制程巡检规程等重点环节的典型企业案例。考虑到可操作性，尽管检验实习仍基于收、录音机的电性能指标的测试，但为了更好地贴近企业实际应用，特增加了“液晶彩色电视机整机检验规范案例”。另外，其他章节也对数据、图表及知识进行了更新和补充。

根据教学实际情况并参考大纲的要求，本教材课时分配参考见下表。

序　　号	课程教学内容	学　时　数			
		合计	讲课	实验和实训	机动
1	电子产品检验概述	10	6		4
2	电子产品检验工艺	8	6		2
3	产品的技术条件标准和测量方法	6	4		2
4	检验仪器使用规范	6	4		2
5	检验测试工装介绍	8	6		2
6	产品检验	18	2	12	4
7	电子产品检验质量记录	14	4	6	4
	总计	70	32	18	20

本教材此次编写工作由郑州工业安全职业学院高级工程师朱鸣独自承担，朱鸣编写了全书的各个章节并完成了全书的统稿工作。当然，此次编写工作是基于全系教师多年努力的结果，同时，河南信息工程学校高级讲师、电子专业省级学术带头人管莉作为本次编写的主审，在提纲制定和稿件细节方面做了大量的工作，对全书进行了精心审阅并提出了宝贵意见，在此谨致谢意！

为了方便教师教学，本教材还配有教学指南、电子教案及习题答案（电子版），有此需要的教师可登录华信教育资源网（http://www.hxedu.com.cn）下载，或与电子工业出版社联系，我们将免费提供（E-mail:yhl@phei.com.cn）。

由于电子技术飞速发展，电子整机产品和生产工艺不断更新，新的检测仪器、检验方法不断出现，加之编者水平和经验有限，书中难免有错误和不妥之处，热忱欢迎读者批评指正，以利修改。

编　者

2015 年 5 月

目 录
CONTENTS

第 1 章

电子产品检验概述

21 世纪是一个知识经济和信息化的时代，电子技术迅猛发展，新的电子产品不断涌现。我国电子信息产业是一个极具成长性、拥有巨大市场的产业，尤其是加入世贸组织（WTO）十几年来，我国对外开放不断深入和扩大，已成为全球最大的电子信息产品生产加工基地之一，进入世界电子信息产业大国前列，因此广大工业企业面临着与国际市场竞争对象的激烈竞争局面。众所周知，质量不仅是商品进入市场的通行证，更是企业生存竞争的永恒手段。不管是哪个国家，也不管是什么类型的企业，要想求得生存和发展，必须不断地提高产品质量（包括服务质量），增强自身的竞争力，扩大国内外市场占有率。

处在这样一个竞争残酷的商业时代，因为产品质量问题，有些企业垮掉了、消失了，而一些实力雄厚的知名大企业则付出了巨大的代价。例如，通用汽车公司在 1992—1993 年间因安全原因回收了约 50 万辆小汽车，以免汽车流入顾客手中引起更大的问题。此项举措共耗资两亿美元，其原因仅仅是这批车的引擎头垫片有缺陷。国际电报电话（AT&T）公司 1990 年 1 月 15 日，因为在 400 万条运行电话交换机的程序代码的线路中，有 1 条线路出现了逻辑错误，造成长途电话电脑网络中断 9 小时，使 50%的电话无法接通，因此遭受损失 7000 万美元。现代工业的分工越来越精细，1%的差错都有可能导致产品的报废。例如，一架航天飞机采用 10 000 个零件组装起来，如果每个零件的合格率都是 99%，那么这架飞机无论如何是飞不起来的，因为按照统计学对合格率的计算，这架飞机的合格率是 0.99 的 10 000 次方，约为零，也就是说最后总的合格率几乎等于零。

质量的优劣与企业的质量管理工作息息相关。随着国际技术交流的发展，许多世界知名企业如苹果、三洋、松下、诺基亚、西门子、三星等，不仅给我们带来了资金和技术，还带来了符合国际惯例、国际最先进的现代化企业管理制度，使我们明白了产品质量的真正内涵和企业质量管理的全新理念。从 20 世纪 60 年代开始的全面质量管理（TQC）旨在建立一套完整的质量管理体系，控制产品从方案调研到售后服务的全过程。而质量管理是起源于质量检验的，产品质量检验是质量管理科学的一个重要组成部分，质量检验工作贯穿电子产品生产过程的始终。企业实施全面质量管理，尤其是加强产品生产各阶段的质量检验，可以降低成本，生产出高质量的产品，对提高企业核心竞争力有着至关重要的作用。

那么，什么是质量检验？它和质量管理科学之间的关系如何？首先，我们来学习质量检验的基础知识。

1.1 质量检验基础知识

1.1.1 质量管理发展过程中的质量检验

随着生产力和科学技术的快速发展，对产品的质量要求越来越高。在当今社会，质量已经成为了企业生存竞争的手段，任何国家和企业都把本国、本企业的产品质量作为头等大事来对待。质量检验是保证产品质量最原始的手段。质量管理科学起源于质量检验，质量检验随质量管理科学的发展而发展。随着质量管理科学的发展，产品的质量检验经历了以下三个阶段。

1. 传统质量检验阶段

人类在很早以前就已经有了质量检验的雏形，传统意义上的产品质量检验始于 20 世纪初期。为了满足顾客对商品的要求，生产方开始有了质量检验。这一阶段的质量检验被称为“事后检验”，它是质量管理发展的最初阶段。这种传统的质量检验在发展中又经历了“操作者质量管理”、“工长质量管理”和“检验员质量管理”三个阶段。这种检验形式主要是利用检测工具、仪器设备鉴别产品质量，或通过检查来检验工作质量。产品经检验后区分为合格品和不合格品，并保证合格品出厂，不合格品经过返工、返修、降等级使用或报废等处理。它的特点是，严格把关，对产品进行百分之百的检验。显然，这种方式的实质是从成品中挑出废品。虽然它也可以保证出厂产品的质量，但管理的效率很差，主要体现在：缺乏系统的观念，责任不明；“事后检验”无法在生产过程中起到预防、控制的作用；检验工作并非百分之百准确；尤其是经济上不合理，如增加检验费用，延误交货期限等。在大规模生产的情况下，这些弱点更为突出。

2. 统计质量控制阶段

早在 20 世纪 20 年代前后，一些著名的质量管理专家就提出了运用数理统计学的原理去克服传统质量检验的弱点。20 世纪 40 年代，随着战争对大量产品尤其是军需品的需要，采用质量控制的统计方法开始广泛运用于生产中。统计质量控制，即运用数理统计方法，从产品质量波动中找出规律性，消除产生波动的异常原因，使生产过程的每一个环节都被控制在正常状态，以保证最经济地生产出符合用户要求的产品。这种统计质量控制是保证产品质量，预防不合格产品产生的有效方法。20 世纪 50 年代初，该方法广泛得到了企业的采纳。

但由于这个阶段过分强调质量控制的数理统计方法的应用，而大多数生产者由于文化素质等原因达不到充分理解和掌握统计方法应用的技术。另外，这种方法仅仅强调了生产过程控制，而忽视了产品生产的全过程（包括设计、生产、使用和售后服务），因此其普及和推广受到了一定的限制。

3. 全面质量管理阶段

随着科学技术的发展和全球贸易竞争的加剧，用户对产品质量提出了越来越严格的要求。管理理论也在不断发展，要求除了运用统计方法外，还要结合其他组织管理工作、管理技术和手段，实现综合的质量管理。20世纪60年代初，美国通用电气公司的费根堡姆和朱兰等人提出了全面质量管理的概念，这一概念逐步被世界各国接受。

产品质量在很大程度上依靠对各种影响质量的因素的控制来实现，即通过对产品质量的整个过程进行控制，对质量、成本、交货期和服务水平实施全面管理，这就是最初的“全面质量管理”概念。全面质量管理强调全员参与，实现全过程、全企业质量管理，它是一种自主性强的质量管理方式，强烈依赖于企业员工的自觉性，是企业为最经济地生产出满足用户需要的产品而形成和运用的一套完整的质量活动体系、制度、手段和方法的总称。

全面质量管理阶段的质量检验工作更为重要，质量检验本身就是生产过程的一个环节。那种认为“以预防为主的质量管理中，检验工作仅仅是一个辅助手段，可有可无”的观念是错误的，预防为主与检验把关是相辅相成的，检验工作的“信息性”、“寻因性”正是全面质量管理中的质量控制手段。特别是随着生产过程的自动化和自动检测技术的广泛应用，自动生产、自动检测、自动判断及自行反馈可以在较短的时间内一气呵成。这种很高的时效性，大大简化了管理工作。

综上所述，质量检验三个发展阶段的特点如表1.1所示。

表1.1 质量检验三个发展阶段的特点

三个阶段 优缺点	传统质量检验阶段	统计质量控制阶段	全面质量管理阶段
优点	百分之百地检验，能保证出厂产品的质量	使生产过程的每一个环节被控制在正常状态，以保证最经济地生产出符合用户要求的产品	通过对产品质量的整个过程进行控制，对质量、成本、交货期和服务水平实施全面管理，即最初的“全面质量管理”概念
缺点	管理效率差，经济上不合理，是“事后检验”，无法在生产过程中起到预防、控制的作用	由于劳动者的素质较差以及忽视了产品生产的全过程（包括设计、生产、使用和售后服务），因此其普及和推广受到了一定的限制	

可见，产品检验在质量管理的各个阶段都是不可缺少的。只有保证有效的质量检验工作和形成完善的质量检验体系，企业才能生产出合格的产品，最大程度地满足用户的需要。

1.1.2 质量检验基本概念

美国著名质量管理专家朱兰曾指出，21世纪将是质量的世纪。世界质量大会也提出了“质量第一，永远第一”的战略口号。“质量”作为我国经济建设的永恒主题，已成为企业生存的头等大事。产品质量是企业技术、管理和人员素质的综合反映。那么，什么是产品的质量？

什么是质量检验呢？

1. 质量和质量检验的定义

（1）质量

质量的定义：反映实体满足规定和潜在需要能力的特性的总和。

产品质量包含产品、过程及服务等方面。质量的定义明确提出，产品质量必须全面满足用户的要求（明确的）和期望（隐含的）。其中，“规定需要”指标准和规范中所提出的明确要求，如电冰箱的耗电量、噪声等；“潜在需要”指用户的期望，如用户对汽车所期望的乘坐舒适性等。对质量的要求与人们对质量的认识程度及时间、环境、条件等有关，一般可用定量或定性指标表示。

（2）质量检验

产品质量的形成过程中，由于材料、设备、方法、操作者、测量及环境的差异，往往会导致质量波动。质量波动是客观存在而又无法完全消除的。为确定质量波动的大小，判断波动是否超过了允许的范围，以及判断哪些产品的质量波动超过了允许的范围，就必须进行检验。

质量检验的定义：通过观察和判断，适当地结合测量、试验所进行的符合性评价。

质量检验是对产品的一种或多种特性进行测量、检查、试验，并与指定要求进行比较，以确定每项特性是否合格的活动。因此，质量检验是一种符合性判断，上述定义又称为“判定性检验”。

2. 质量检验的职能

（1）评价作用

企业检验机构根据有关法规和技术标准进行检验，并将检验结果与标准对比，做出符合或不符合标准的判断，或对产品质量水平进行评价，以指导生产活动。

（2）把关作用

检验人员通过对原材料、元器件、零部件、整机的检验，鉴别、分选、剔除不合格品，并决定该产品是否接收与放行，严格把住每个环节的质量关，做到不合格的产品不出厂，不合格的原材料、零部件不投料、组装，已规定淘汰的产品和质量不能保证的产品不生产、销售，假冒、次劣产品不进入市场销售。同时，通过检验，对合格品签发产品合格证，也是对内（原材料和半成品）和对外（成品）的一种质量保证。

（3）预防作用

通过入厂检验、首件检验、巡回检验和抽样检验，及早发现并排除原材料、外购件、外协件及半成品中的不合格品，以预防不合格品流入下道工序，造成更大的损失。同时，通过对工序能力的测定和控制，监测工序状态的异常变化，掌握质量动态，为质量控制提供依据，及时发现质量问题，以预防和减少不合格品的产生，防止发生大批产品报废的质量事故。

（4）信息反馈作用

通过质量检验，搜集数据，发现不符合标准的质量问题与现场质量波动情况，及时做好记录，进行统计、分析和评价并及时报告领导，反馈给生产技术、工艺、设计等部门，以便采取相应措施，改进和提高产品质量。

（5）实现产品的可追溯性

当有要求时，检验部门可通过产品的检验和试验状态标识、产品标识、质量记录等相关活动，实现产品的可追溯性。

1.2 质量检验中的标准化

1.2.1 标准和标准化

产品质量检验的依据是该产品的质量标准，凡是与产品质量有关的活动都应做到有章可循、有标可依，这样才能获得最佳的产品质量与最佳的社会经济效益。因此，标准化工作是产品质量检验的基础和支柱。那么，标准和标准化的具体含义是什么呢？

1. 标准的定义

定义：为在一定范围内获得最佳秩序，对活动或其结果规定共同的和重复使用的规则、导则或特性的文件。该文件经协商一致并经一个公认的机构批准。

2. 标准化的定义

定义：在经济、技术、科学及管理等社会实践活动中，对重复性事物或概念，通过制定、发布和实施标准，获得最佳秩序和效益的活动过程。

标准是标准化活动过程的成果，标准化的主要内容和基本任务是制定（修订）、发布和实施标准。其中实施标准是不容忽视的环节。这个过程也不是一次就完结的，而是一个不断循环、螺旋式上升的活动过程。每完成一次循环，标准化水平就提高一级。

3. 标准的制定、实施和实施的监督

我国《标准化法》规定：标准化工作的任务是制定标准、组织实施标准和对标准的实施进行监督。标准化工作的这三项任务是互相联系、互相依赖、互相制约的三个环节和统一过程。

制定标准是完成标准化工作任务，取得标准化效益的第一个环节。标准制定得好与坏，直接影响整个标准化工作。标准的制定必须依据制定标准的一般原则，按规定的程序进行。

标准的贯彻实施是标准化的重要任务之一。只有通过贯彻实施，标准才能在人类生产、建设和日常生活中发挥预期的作用。标准的贯彻实施也必须按贯彻实施标准的一般要求、一般程序进行。

对标准的实施进行监督也是标准化工作的任务之一。标准实施监督是促进科学进步、提

高管理水平和加速经济发展的客观要求。《标准化法》明确规定了监督的职责和要求，并对违反标准造成的后果规定了应追究的法律责任。

依据《标准化法》及《标准化法实施条例》的规定，标准实施监督可分为三种类型：政府监督、企业自我监督和社会监督。政府监督的最高机构是国务院标准化行政主管部门——国家质量技术监督局。

4．实施标准的目的和作用

① 实现产品系列化，使产品品种得到合理的发展。通过产品标准，统一产品的形式、尺寸、化学成分、物理性能、功能等要求，保证产品质量的可靠性和互换性，使有关产品间得到充分的协调、配合、衔接，尽量减少不必要的重复劳动和物质损耗，为社会化专业大生产和大、中型产品的组装配合创造条件。

② 通过生产技术、试验方法、检验规则、操作程序、工作方法、工艺规程等各类标准，统一生产和工作的程序和要求，保证每项工作的质量，使有关生产、经营、管理工作走上正常轨道。

③ 通过安全、卫生、环境保护等标准，减少疾病的发生和传播，防止或减少各种事故的发生，有效地保障人体健康、人身安全和财产安全。

④ 通过术语、符号、代号、制图、文件格式等标准，消除技术语言障碍，加速科学技术的合作与交流。

⑤ 通过标准传播技术信息，介绍新科研成果，加速新技术、新成果的应用和推广。

⑥ 促使企业实施标准，依据标准建立全面的质量管理制度，推行产品质量认证制度，健全企业管理制度，提高企业的科学管理水平。

1.2.2　标准的分类和分级

1．标准的分类

标准的种类繁多。根据不同的目的，可以从不同的角度对其进行分类，如表1.2所示。

表1.2　标准的分类

分类 \ 不同角度	按约束力	按属性
1	强制性标准	技术标准
2	推荐性标准	管理标准
3	指导性技术文件	工作标准

（1）按约束力分类

按约束力，标准可分为强制性标准、推荐性标准和指导性技术文件三种。

① 强制性标准。强制性标准主要是指那些保障人体健康、人身与财产安全的标准和法

律、行政法规。规定强制执行的标准，必须强制执行。目前我国规定在推荐性标准中可以有强制性条文，这些条文也要强制执行。

② 推荐性标准。强制性标准范围以外的标准是推荐性标准。推荐性标准不强制执行，但这些标准都是按国家或行业部门规定的标准制定程序，由专家组起草，经有关各方协商一致并经国家或行业主管部门批准的。

③ 指导性技术文件。指导性技术文件是一种推荐性标准化文件，它的表示方法是在标准代号后加 Z，如 GB/Z、SJ/Z。它的制定对象是需要标准化但尚未成熟的内容，或者有标准化价值但不急于强求统一的内容，或者需要结合具体情况灵活执行、不宜全面统一的对象等。

（2）按属性分类

按照标准的属性，可以把标准分为技术标准、管理标准和工作标准三大类。

① 技术标准是对标准化领域中需要协调统一的技术事项所制定的标准，主要包括技术基础标准、产品标准、检测和试验方法标准、储运标准、工艺标准、工装标准、原材料标准、零部件标准及安全、卫生、环保标准等。

② 管理标准是对标准化领域中需要协调统一的管理事项所制定的标准，主要包括管理基础标准、技术管理标准、经济管理标准、行政管理标准和生产经营管理标准等。

③ 工作标准是对工作的责任、权利、范围、质量要求、程序、效果、检查方法和考核办法等所制定的标准，主要包括部门工作标准和岗位（个人）工作标准。

技术标准、管理标准和工作标准三者相互关联。其中，技术标准是主体；管理标准和工作标准是为贯彻技术标准服务的，是技术标准得到有效实施的前提和保证。

2. 标准的分级

根据标准适用范围的不同，可将标准分为不同的级别。在国际范围内，有国际标准和区域标准，以及每个国家的国家标准。我国的国家标准根据适用领域和有效范围分为四个级别。

（1）国际标准

国际标准是指由国际标准化团体通过有组织的合作和协商，制定发布的标准。这一级标准在世界范围内适用。目前世界上有两大国际标准化团体，一是国际标准化组织（ISO），二是国际电工委员会（IEC）。根据 ISO 的建议和我国 1993 年 12 月发布的《采用国际标准和国外先进标准管理办法》的规定，国际标准包括 ISO 和 IEC 所制定的标准，以及 ISO 确认并公布的其他国际组织制定的标准。例如，《ISO 9000 质量管理和质量保证标准系列》、IEC 68 标准《基本环境试验规程》、IEC 908 标准《DC 数字音频系统》等均为国际标准。

（2）区域标准

区域标准指由区域性国家集团或标准化团体为维护其共同利益而制定发布的标准，如欧洲标准（EN）。区域性集团标准化组织，有欧洲标准化委员会（CEB）、欧洲电工标准化委员会（CENEL）等。区域级标准在该区域国家集团范围内适用。

（3）我国的标准

我国的标准依据《中华人民共和国标准化法》的规定，分为国家标准、行业标准、地方标准和经备案的企业标准四级。每级标准都有其规定格式的编号。

① 国家标准。国家标准指由国家标准化主管机构批准、发布，对全国技术经济发展有重大意义而需要在全国范围内统一执行的标准。国家标准分为强制性标准和推荐性标准，代号分别是 GB（国家强制性）和 GB/T（国家/推荐性）。

国家标准的编号由国家标准代号、标准发布顺序号和发布年号三部分组成。国家标准编号示例如图 1.1 所示。

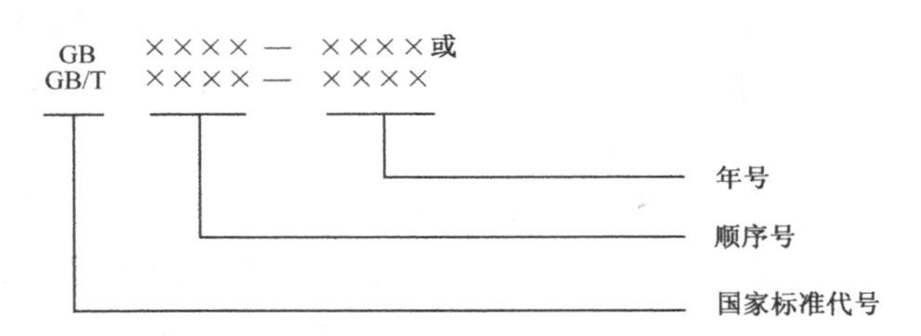

图 1.1　国家标准编号示例

如国家标准 GB/T 9384—1997《广播收音机、广播电视接收机、磁带录音机、声频功率放大器（扩音机）的环境试验要求和试验方法》，它是国家推荐性标准，顺序号为 9384，年号为 1997。

② 行业标准。行业标准是在全国某个行业范围内统一执行的标准，由国务院有关行政主管部门制定，并报国务院标准化行政主管部门备案。表 1.3 列出了我国部分行业标准代号，全表见附录 A。

表 1.3　中华人民共和国行业标准代号（部分）

序　号	行业标准名称	行业标准代号	主 管 部 门
1	农业	NY	农业部
2	轻工	QB	国家轻工业局
3	医药	YY	国家药品监督管理局
4	教育	JY	教育部
5	烟草	YC	国家烟草专卖局
6	化工	HG	国家石油和化学工业局
7	建材	JC	国家建筑材料工业局
8	汽车	QC	国家机械工业局
9	交通	JT	交通部
10	电子	SJ	信息产业部
11	通信	YD	信息产业部
12	旅游	LB	国家旅游局

行业标准的编号由行业标准代号、标准发布顺序号和年号组成，如 SJ/T 11179—1998《收、录音机质量检验规则》，该标准是中华人民共和国电子行业推荐性标准，顺序号为 11179，年

号为 1998。

③ 地方标准。地方标准是由省、自治区、直辖市的标准化主管机构批准、发布，在该行政区域内统一的标准。地方标准须报国务院标准化行政主管部门和国务院有关行政主管部门备案。其强制性标准的代号是“DB × ×”，其中“× ×”为该行政区划代码的前两位数字，推荐性标准在“DB”后再加“/T”。附录 B 为我国现行的地方标准代码。

④ 企业标准。企业标准是由企业、事业单位（包括经济联合体）自行批准、发布的标准。企业的产品标准须报当地政府（县级以上）标准化行政主管部门和有关行政主管部门备案。按照我国《标准化法》的规定，对于国家、行业和地方三级标准，没有上级标准时方可制定下级标准；一旦发布了上级标准，下级标准即行废止。但对企业标准，即使已有上级标准，仍鼓励企业制定严于上级标准的企业标准，作为组织生产的依据。企业产品标准的代号由“Q/”再加代表企业的 2 ~ 3 个汉语拼音字母或数字组成。

需要说明的是，企业生产的产品，凡有国家标准、行业标准的，必须符合相应的国家标准、行业标准；没有国家标准、行业标准的，允许适用其他标准，但必须符合保障人体健康及人身、财产安全的要求。同时，对不符合国家标准、行业标准的产品，不符合保障人体健康和人身、财产安全标准和要求的工业产品，禁止生产和销售。

1.2.3 ISO 9000 族标准简介

1. 质量保证标准 ISO 9000 族标准的产生和制定

伴随着全球贸易竞争的加剧，用户对产品质量提出了越来越严格的要求。产品质量在很大程度上依靠对各种影响质量的因素的控制来实现，即通过对产品质量的整个过程进行控制，对质量、成本、交货期和服务水平实施全面管理，这是最初的“全面质量管理”概念。这种对产品形成的全过程进行管理，把质量与成本联系在一起考虑，采取预防为主的措施等一套指导思想和质量管理理论，为各国质量管理和质量保证标准的相继产生提供了充分的理论依据和坚实的实践基础。

许多国家都根据经济发展的需要，制定了各种质量保证制度。但由于各国的经济制度不一，所采用的质量术语和概念也不尽相同，各种质量保证制度很难被互相认可或采用，影响了国际贸易的发展。为满足国际经济交往中质量保证的客观需要，在总结各国质量保证制度经验的基础上，经过近十年的努力，国际标准化组织（ISO）于 1987 年 3 月发布了 ISO 9000 质量管理和质量保证标准系列。此系列标准是在总结世界各国特别是工业发达国家质量管理经验的基础上产生的，具有很强的科学性、系统性、实践性和指导性。当前已有 80 多个国家和区域组织采用该系列标准，并将其转化为本国的国家标准。

2. ISO 9000 族标准与八项质量管理原则

八项质量管理原则是世界著名专家的质量管理思想、意见及质量管理实践经验的高度概括，是质量管理最基本、最适用的一般规律，是质量管理的理论基础。ISO 将它应用于 2000 版的 ISO 9000 族标准中，作为 ISO 9000 族标准的基础。它是组织与领导层有效地实施质量管理工作必须遵循的原则，也是质量工作人员在质量管理中应遵循的原则。

八项质量管理原则的内容包括：

① 以顾客为关注焦点——组织依存于顾客。因此，组织应当理解顾客当前和未来的需求，满足顾客要求并争取超越顾客期望。

② 领导作用——领导者确立组织统一的宗旨和方向。他们应当创造并保持使员工能充分参与实现组织目标的内部环境。

③ 全员参与——各级人员都是组织之本，只有他们充分参与，才能使他们的才干为组织带来收益。

④ 过程方法——对活动和相关的行为过程进行管理，可以更高效地得到期望的结果。

⑤ 管理的系统方法——将相互关联的过程作为系统加以识别、理解和管理，有助于组织提高实现目标的有效性和效率。

⑥ 持续改进——持续改进总体业绩应当是组织的一个永恒目标。

⑦ 基于事实的决策方法——有效决策是建立在数据和信息分析的基础上的。

⑧ 与供方互利的关系——组织与供方是相互依存的，互利的关系可增强双方创造价值的能力。

3. 2000 版 ISO 9000 族标准的文件构成

2000 版 ISO 9000 族标准由下列文件构成。

ISO 9000　质量管理体系　基础和术语；

ISO 9001　质量管理体系　要求；

ISO 9004　质量管理体系　业绩改进指南；

ISO 19011　质量和（或）环境管理体系　审核指南。

其中，ISO 9000 标准为质量管理体系标准的所有潜在用户提供了易于理解的合乎逻辑和协调的词汇，同时也简洁、清晰地阐述了质量管理的基本原则和质量管理体系的基本原则。

ISO 9001 标准规定了质量管理体系的要求。组织可以依此满足顾客的要求和适用的法规要求而达到顾客满意。

ISO 9004 是指导企业内部建立质量体系的文件，它帮助组织建立和实施质量体系，以便满足市场的需要并取得竞争的成功。

ISO 19011 遵循“不同管理体系，可以有共同管理和审核要求”的原则，为质量管理和环境管理审核的基本原则、审核方案的管理、环境和质量管理体系实施以及环境和质量体系审核员的资格要求提供了指南。它适用于所有运行质量和（或）环境管理体系的组织，指导其内审和外审的管理工作。

我国推荐积极采用国际标准。我国国家技术监督局于 1992 年发布文件决定“等同”采用 ISO 9000，并颁布了 GB/T 19000 质量管理和质量保证系列国家标准。所谓“等同”就是按照 ISO 9000 系列标准直接翻译成中文，包括编辑方法也不做任何改变。按照这套标准开展认证，有利于获得国际互认，推动国际贸易的往来和发展。

1.2.4 质量管理体系简介

1. 质量体系

ISO 9001：2000 标准中的条文对组织建立、实施和保持质量管理体系的总体要求，强调持续改进，主要提出两方面的要求：一是按标准的要求对过程进行管理；二是质量管理体系应形成文件，并贯彻实施和持续改进。

质量体系是实施质量管理所需的组织结构、程序、过程和资源。质量体系是企业协调一致运转的工作机构。它用文件的形式列出有效的、一体化的技术和管理程序，以最好、最实际的方式来指导企业的人员、机器及信息的协调活动，从而保证顾客对质量满意和经济上降低质量成本。质量体系的文件构成如图 1.2 所示。

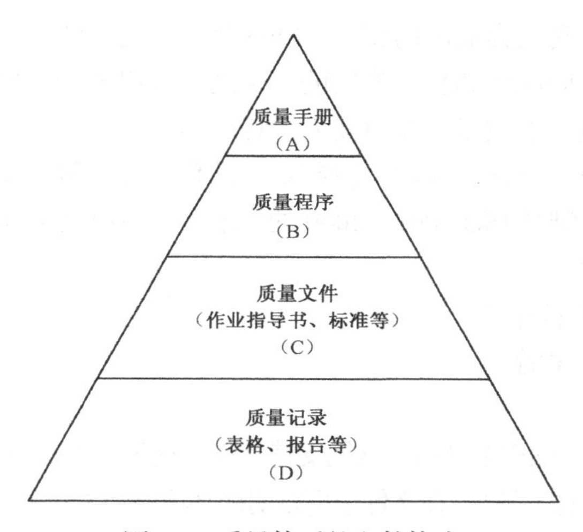

图 1.2 质量体系的文件构成

其中，质量手册是阐明一个组织的质量方针，并描述其质量体系的文件。它在组织中作为对质量体系进行管理和对质量体系审核或评价的依据，以及确定质量体系存在的依据。

程序是为完成某项活动所规定的途径，描述程序的文件称为程序文件。质量体系程序文件对影响质量的活动做出规定，是质量手册的支持性文件，应包含质量体系中全部要素的要求和规定，每一质量体系程序文件应针对质量体系中一个逻辑上独立的活动。

作业程序（指导书）是规定具体的作业活动的方法和要求的文件，是程序文件的支持性文件。

质量记录是质量体系文件最基本的组成部分，是质量活动的真实记载，是对满足质量要求的程序提供的客观依据，是反映产品质量及质量体系运作情况的记载。

ISO 9001：2000 标准中的条文要求制定“文件控制程序”，并对文件的批准、发放、更改、版号识别、使用处获得有效适用文件等事项做出了明确规定，组织应按标准编制和实施。标准要求制定“质量记录控制程序”，并要求规定质量记录的贮存、保护、检索、保存期限和处置所需的控制，组织应按标准编制和实施。

2. 质量检验体系

质量检验体系是企业质量管理体系的重要组成部分。

产品质量的好坏，决定着电子产品在市场上的竞争能力，也关系到企业的生存和发展。因此，生产高性能、高质量、低成本的产品已成为各生产厂家追求的目标。产品质量检验是质量管理科学的一个重要组成部分，其目的在于科学地判定产品的特性是否符合要求，为分析影响产品质量的环节提供证据。伴随着质量管理体系的建立和健全，贯穿于产品生命周期（开发、生产、销售、使用和维修过程）的产品质量检验越来越显示出其重要性。

企业的质量检验一般包括对外购件进行检验或验证，对不合格品进行控制，对产品进行检验和监视，并对这一系列过程中的产品检验状态进行标识。质量检验是产品形成过程中不可缺少的一个环节，检验工作质量直接关系到产品质量。因此，质量检验是企业质量管理体系的重要组成部分。

过程是一组将输入转化为输出的相互关联或相互作用的活动。质量管理体系是由被识别、确定并规定它们之间顺序和相互作用的一系列过程组成的。质量检验是通过一个过程来实现的。为了确保过程的质量，应对输入过程的信息、要求和输出的产品以及过程的适当阶段进行必要的检查、验证。因此，应制定文件化程序，将质量检验作为过程，通过文件规定它的活动途径。结合 ISO 9001：2000 的要求，一般应制定以下程序。

① 进货检验和试验程序。

② 过程检验和试验程序。

③ 最终检验和试验程序。

④ 支持文件。

产品检验作业程序、操作指导书等均属支持文件。这类文件是质量管理体系文件的组成部分，由工艺部门或质检部门编制。在文件中可以明确某项检验工作由谁来做，何时、何地来做；使用什么仪器设备及对仪器设备的要求；如何对活动进行检查、监视和记录等。

1.3 电子产品检验概述

1.3.1 电子产品检验的定义和形式

1. 电子产品检验的定义

电子产品检验是由质量检验部门按标准规定的测试手段和方法，对原材料、元器件、零部件和整机进行的质量检测和判断。

电子产品检验是为确定电子产品是否达到质量要求所采取的作业技术和活动，其目的在于全面考核电子产品是否满足设计要求。检验记录是证明产品质量符合相关要求的证据，同时又可为质量保证提供证据，满足质量保证要求。

2. 电子产品检验的形式

电子产品检验形式可按不同的情况或从不同的角度进行分类。例如，按实施检验的人员不同，可分为自检、互检和专检；按生产程序不同，可分为进货检验、过程（工序）检验和成品（整机）检验；按被检样品数量不同，可分为全数检验、抽样检验和免检；按检验场所可分为固定检验和巡回检验；按对产品是否有破坏性可分为破坏性检验和非破坏性检验（或称无损检测）；按检验目的不同，分为生产检验、验收检验、监督检验、验证检验、仲裁检验等。电子产品质量检验形式分类如表 1.4 所示。

表 1.4　电子产品质量检验形式分类

分类类型	检验形式	特　征
按生产程序分	进货检验	对外购原材料、外协件、配套件进行的入厂检验
	工序检验	产品加工过程中，每道工序完工后或数道工序完工后的检验
	成品检验	车间完成本车间全部加工或装配程序后，对半成品或部件的检验；电子产品生产企业对成品（整机）的检验
按检验地点分	固定检验	把产品、零件送到固定的检验地点进行的检验
	巡回检验	在产品加工或装配的工作现场进行的检验
按检验样品分	全数检验	对应检验的产品、零部件进行逐件全部检验，一般只对可靠性要求特别高的产品（如军品）、试制产品及在生产条件、生产工艺改变后生产的部分产品进行全检
	抽样检验	对应检验的产品、零部件，按标准规定的抽样方案，抽取一定样本数进行检验、判定
	免检	对经国家权威部门产品质量认证合格的产品或信得过产品在买入时无试验检验，接收与否可以以供应方的合格证或检验数据为依据
按检验人员分	专职检验	由专职检验人员进行的检验，一般为部件、成品（整机）的后道工序
	自检	操作人员根据本工序工艺指导卡要求，对自己所装的元器件、零部件的装接质量进行检验；或由班组长、班组质量员对本班组加工产品进行检验
	互检	同工序工人互相检验或下道工序对上道工序的检验
按检验性质分	非破坏性检验	经检验后，不降低该产品的价值的检验
	破坏性检验	经检验后，产品无法使用或降低了价值的检验

1.3.2　抽样检验

1. 抽样检验的定义和特点

抽样检验是按预先确定的抽样方案，从交验批中抽取规定数量的样品构成一个样本，通过对样本的检验推断批合格或批不合格。当产品批量较大或需要进行破坏性检查时，传统的全数检验就不适合了，需要采用抽样检验的方法。抽样检验与全数检验的对比如表 1.5 所示。

表 1.5　抽样检验与全数检验的对比

全数检验	抽样检验
① 对全部产品逐件进行检验，实际上是判定单位产品是否合格	① 随机抽取部分产品进行检验，由样本推断产品批是否合格
② 检验工作量大，费时、费力，费用高，经济性差	② 检验工作量小，可以节省大量人力、物力和时间，有利于降低检验成本，经济性好
③ 当检验本身不出错时，合格批中只有合格品	③ 合格批中可能含有不合格品,不合格批中也可能含有合格品
④ 检验工处于长期紧张的工作中，易于疲劳，造成检验的无意差错，有可能使不合格品混入合格产品中	④ 检验比较轻松，有利于减少或避免检验差错，弥补抽样检验的固有缺陷
⑤ 有可能把不合格品判为合格品，或把合格品判为不合格品，错判的是单位产品	⑤ 有可能把不合格批判为合格批，或把合格批判为不合格批，错判的是整批产品
⑥ 当产品不合格时，拒收的仅是单位产品，生产方损失不大	⑥ 当批不合格时，拒收的是整个产品批，生产方损失严重，迫使生产方不得不重视提高产品质量，强化质量管理
⑦ 检验工不需要抽样技术的专门训练	⑦ 检验工需要选择合理的抽样方案和采样技术，掌握数理统计推断知识和方法
⑧ 适用于费用低、易于判定合格与否的产品检验。对于需要保证每件产品的质量，不允许有不合格品的产品以及涉及人身安全和社会环境安全的产品必须采用全数检验	⑧ 适用于大批量生产的产品及大面积调查。对于破坏性检验只能采取抽样检验

抽样检验在应用时必须具备一定的条件：一是被判定为合格的交验批中，在技术和经济上都允许存在一定数量的不合格品；二是产品能够划分为单位量，在交验批中能随机抽取一定数量的样本。

2．抽样方案的分类

抽样检验的目的是通过抽取的样本质量推断总体产品的质量。因此，抽样技术就显得格外重要。科学的抽样检验方法至今已有 70 多年的发展历史，由于应用领域的日益广泛和需要的日益不同，现已形成许多具有不同特色的抽样方案和抽样系统。实践证明，基于数理统计知识的统计抽样技术具有较强的科学性和合理性，统计抽样检验标准也被广泛采用。

抽样方案按抽样选定的质量指标属性分类，可分为计量抽样方案和计数抽样方案。按抽取样本的次数分类，可分为一次抽样方案、二次抽样方案、多次抽样方案和序贯抽样方案。这里简单介绍一次抽样方案。

计数一次抽样方案是最简单的计数抽样方案，指从批中只抽取一个样本就要求做出接收与否判断的方案。常用符号（n|Ac）或（n|Ac，Re）表示。其中 n 为样本量，Ac 为接收数（合格判定数），Re 为拒收数（不合格判定数），且 Re=Ac+1。对批量为 N 的某批，应用方案（n|Ac）实施抽样检验的含义为：从该批中随机抽取 n 个单位产品（样本量为 n 的一个样本），逐个检验这 n 个单位产品，统计其中发现的不合格数或不合格项数 d，若 $d \leq$ Ac，则接收该批，或者

说判该批为合格而接收；若 d>Ac（等价于 d≥Re），则拒收该批，或者说判该批为不合格而拒收。

3．GB/T 2828 标准介绍

GB/T 2828 是我国抽样标准体系的一个基础标准，属计数调整型抽样检验标准。它对我国各行业的质量检验和质量管理起着重要作用。它以合格质量水平 AQL 为质量指标，设计了一次、二次和五次抽样检验方案以供选用，并按照抽样规定了检查水平 IL。

（1）合格质量水平 AQL

AQL 也称可接受的质量水平，它表征连续提交批平均不合格率的最大值。标准中规定的 AQL 取值范围为 0.01%～1000%。

（2）检验水平 IL

在抽样检验过程中，检验水平用于表征抽样检验方案的判断能力。实际上，检验水平是为确定判断能力而规定的批量 N 与样本大小 n 之间关系的等级划分。实践证明，检验水平越低，对单批的判断精度越差，误差概率越大，对交验总体的质量保证能力也越差。

（3）GB/T 2828 的使用（正常检验一次抽样方案检索）

根据批量 N 和规定的检验水平 IL，查“样本大小字码”表，读出样本大小字码；再由样本大小字码查出与规定 AQL 相交的一组数据［Ac，Re］。

1.3.3 电子产品检验活动内容

电子企业质量检验的主要活动内容有两方面：一是产品检验和试验，二是质量检验的管理工作。

1．产品检验和试验

电子工业企业里的产品检验是企业实施质量管理的基础。检验工作的主要目的是“不允许不合格的料件进入下一道工序”。通过检验工作，可以了解企业产品的质量现状，以便及时采取纠正措施来满足用户的需求。电子企业的产品检验工作按照生产过程的不同阶段和检验对象的不同，划分为原材料、元器件、零部件和配套分机等的进货检验，流水生产工序中的过程检验和整机检验（交收检验、定型检验和例行试验）。

（1）进货检验

进货检验又称进厂检验，它是保证产品生产质量的重要前提。产品生产所需的原材料、元器件、零部件等，有的本身就不合格，有的在包装、存放、运输过程中可能会出现损坏和变质。因此，这些材料在进厂入库前应按产品技术条件、技术协议或订货合同进行外观检验和有关性能指标的测试，检验合格后方可入库。对判为不合格的材料要进行严格隔离，以免混料。有些元器件在装接前还要进行老化筛选，如晶体管、集成电路、部分阻容元件等，老化筛选应在进厂检验合格的元器件中进行。老化筛选内容一般包括温度老化实验、功率老化实验、气候实验及一些特殊实验。

（2）过程（工序）检验

原材料、元器件、零部件等检验合格后，在部件组装、整机装配过程中，可能因操作人员的技能水平、质量意识及装配工艺、设备、工装等因素，使组装后的部件、整机有时不能完全符合质量要求。因此对生产过程中的各道工序都应进行检验，并采用操作人员自检、生产班组互检和专职人员检验相结合的方式。工序检验是工厂全面质量管理的主要措施。检验时应根据检验标准，对部件、整机生产过程中各装调工序的质量进行综合检查。检验标准一般以文字、图纸形式表达。对一些不便用文字、图纸表达的缺陷，应使用实物建立标准样品作为检验依据。

（3）整机检验

整机检验是检查产品经过总装、调试之后是否达到预定功能要求和技术指标的过程。整机检验主要包括：直观检验、功能检验和对整机主要技术指标进行测试等内容。

直观检验项目有：产品是否整洁；面板、机壳表面的涂层及结构件、铭牌标记等是否齐全，有无损伤；产品的各种连接装置是否完好；金属构件有无锈蚀；量程覆盖是否符合要求；转动机构是否灵活；控制开关是否到位等。

功能检验是对产品设计所要求的各项功能进行检查。不同的产品有不同的检验内容和要求。测试产品的性能指标是整机检验的主要内容之一。通过检验查看产品是否达到了国家或企业的技术标准，现行国家标准规定了各种电子产品的基本参数及测量方法。检验中一般只对主要性能指标进行测试。

① 交收试验。交收试验是在产品出厂交付用户时，选择部分项目进行的检验和试验。为保证产品的质量和企业的市场竞争能力，质量检验监督部门在交收试验时应进行监督检查，订货方可派代表参加试验。检验结果将作为确定产品能否出厂的依据。检验内容包括常温条件下的开箱检查项目和常温条件下的安全性、电性能、机械性能等检验。

② 定型试验。产品在设计定型和生产定型后应进行定型检验，以验证生产厂是否有能力生产符合产品标准规定的产品。

定型检验的内容除包括交收检验的全部项目外，还应包括环境试验、可靠性试验、安全性试验以及电磁兼容性试验等。试验时可在试制样品中按抽样方案进行抽样，或将试制样品全部进行试验。试验目的主要是考核试制阶段中试制样品是否已达到产品标准（技术条件）的全部内容。定型试验报告是提请上级履行鉴定定型必须具备的条件之一。

③ 例行试验。连续批生产的产品由生产厂质量检验部门进行周期例行检验，以确定生产过程能够保证产品质量持续稳定。在产品研制的特定阶段，应进行规定的项目试验。定型样机应进行全部项目试验及全部工作特性测试。在产品投产后的例行试验中，每项试验可进行主要工作性能测试（具体项目在门类标准中规定）。批量生产的产品，生产间断时间大于6个月时，每批都应进行例行试验。连续生产的产品，例行试验应至少每年进行一次。当产品的设计、工艺及材料有重大变更时，应进行例行试验。

例行试验内容与定型试验的内容基本相同。例行试验的项目很多，应根据产品的用途和使用条件确定。只有可靠性要求特别高，在恶劣环境条件下工作的产品，才有必要每项都做。在实际工作中，对于具体产品应做多少项，做哪些项目的试验，应根据标准或供需双方共同制定的协议来确定。以收录机为例，例行检验的项目包括外观、结构、功能、安全性、电磁兼容性、环境适应性、包装等。

以上所述产品检验实施过程，均要按企业的检验和试验程序、质量计划、检验和试验规程等检验工艺文件的具体要求进行。这部分内容将在第 2 章中详细介绍。

2. 质量检验的管理工作

为了保证质量管理体系的正常、有效运行，必须做好质量检验的管理工作。其工作内容主要包括以下三项。

① 编制和实施质量检验和试验计划。其中包括编制质量检验计划，设计检验流程，编制检验规程，制定质量检验技术管理文件，设置检验站（组），配备人、财、物等资源。

② 对不合格品进行管理。

③ 对质量检验记录、检验状态标识、检验证书、印章进行管理。

总之，只有同时做好电子产品的检验和试验工作及质量检验的管理工作，才能真正保证：只有合格的原材料、外购件才能投入生产，只有合格的零部件才能转入下道工序或组装，只有合格的产品才能出厂或送到用户手中。

1.3.4 电子产品检验工作的一般流程

1. 定标

定标即了解和掌握质量标准。检验人员必须首先学习和掌握有关技术文件、技术标准和检验方法，消化产品技术原理，明确产品技术性能和关键要求，在此基础上制订检验计划，拟定检验方法和检验操作规程。

2. 抽样和测定

抽样和测定即具体进行检验。对批量产品，分两个步骤进行检验。首先，除全数检验外，检验人员按抽样方案随机抽取样品；然后按照检验方案或操作规程，运用检测设备、仪器、量具进行试验、测量、分析或采用感官检验等方法，确定产品质量特性。

3. 比较和判断

比较即将检验数据与标准对比。检验人员将检测数据与技术标准或工艺文件规定的质量指标进行对比，以做出合格与不合格的正确判断。

4. 处理

对单件产品，合格的转入下道工序或入库；不合格的做出适用或不适用、返工、返修、降等级使用或报废的处理。

对批量产品，根据检验结果，分别做出接收、拒收或回用等处理。

5. 记录

记录即记录数据、反馈信息。通过检验掌握进厂的原材料、元器件、零部件和整机的质量数据和信息，做好记录，填写相应的质量证明文件，以反馈质量信息，评价产品，推动质量改进。对不合格产品的处理应有相应的质量记录，如返工单、回用单、报废单等。

1.3.5 电子产品检验中规范和标准的作用

1. 标准是质量检验工作的依据和基础

质量检验应按照产品标准（含试验方法及检验规则）或专门的试验方法、抽样标准进行。如无上级标准，应制定企业检验方法标准。

电子产品检验，不论采取何种方式和方法，都必须按图纸、工艺、规范和标准进行。检验标准一般以文字、图纸形式表达；对一些不便用文字、图纸表达的缺陷，应使用实物建立标准样品作为检验依据。所以，检验离不开标准，检验是以标准为依据和基础的。

2. 标准化活动贯穿于质量检验工作的始终

标准和规范贯穿于电子产品检验工作的各个环节，检验流程的每一步都离不开标准和规范。定标就是对有关技术文件和技术标准、检验方法等的学习及检验计划、操作规程的拟定，编制检验计划的依据是技术标准、图纸和工艺；抽样必须依据抽样标准进行；测定过程必须按照检验方案和操作规程进行；比较即将检验结果与标准对比。总之，如果没有检验标准和规范，产品质量检验工作就失去了依据和意义。

最后需要指出的一点是，电子产品种类繁多，主要可分为电子材料、元件、器件、配件（整件）、整机和系统。其中，各种电子材料及元器件是构成配件和整机的基本单元，配件和整机又是组成电子系统的基本单元。本教材属实习类教材，实习项目中所涉及的电子产品检验，仅限于对简单电子整机产品的若干主要性能指标进行测试。课程的任务是强调对质量管理体系概念的了解、对检验任务的理解和按照标准规范工作的过程训练。通过该过程训练，使大家具备电子测量知识的综合应用能力，掌握电子产品检验的基本知识及技能。

知识拓展

整机的环境试验

环境试验是评价、分析环境对产品性能影响的试验，通常是在模拟产品可能遇到的各种自然条件下进行的，是一种检验产品适应环境能力的方法。

1. 电子产品的环境要求

以电子测量仪器为例，我国原电子工业部对环境要求及其试验方法颁布了标准，把产品按照环境要求分为三类。

第一类：在良好环境中使用的仪器，操作时要细心，只允许受到轻微的振动。这类仪器属于精密仪器。

第二类：在一般环境中使用的仪器，允许受到一般的振动和冲击。实验室中常用的仪器、民用电子产品一般都属于这一类。

第三类：在恶劣环境中使用的仪器，允许在频繁的搬动和运输中受到较大的振动和冲击。室外和工业现场所使用的仪器都属于这一类。

2. 环境试验的内容

（1）机械试验

不同的电子产品，在运输和使用过程中会不同程度地受到振动、冲击、离心加速度以及碰撞、摇摆、静力负荷、爆炸等机械力的作用，这种机械力可能使电子产品内部元器件的电气参数发生变化甚至损坏元器件。机械试验的项目主要如下。

① 振动试验：振动试验用来检查产品经受振动的稳定性，评估产品包装设计的合理性和产品本身的结构强度。

② 冲击试验：冲击试验用来检查产品经受非重复性机械冲击的适应性。方法是将样品固定在电动冲击振动台上，用于一定的频率，分别在产品的不同方向冲击若干次，冲击后检查其主要技术指标是否仍符合要求，有无机械损伤。如图 1.3 所示为电动冲击振动台。

③ 离心加速度试验：离心加速度试验主要用来检查产品结构的完整性和可靠性。如图 1.4 所示为离心加速度试验机。

（2）气候试验

气候试验用于检查产品在设计、工艺、结构上所采取的防止或减弱恶劣气候条件对原材料、元器件和整机参数影响的措施。气候试验可以找出产品存在的问题及原因，以便采取防护措施，达到提高电子产品的可靠性及对恶劣环境适应能力的目的。气候试验的项目主要如下。

图 1.3　电动冲击振动台

图 1.4　离心加速度试验机

① 高温试验：用来检查高温环境对产品的影响，确定产品在高温条件下工作和储存的适应性。

② 低温试验：用来检查低温环境对产品的影响，确定产品在低温条件下工作和储存的适应性。

③ 温度循环试验：用来检查产品在较短的时间内，抵御温度剧烈变化的承受能力，以及是否因热胀冷缩引起材料开裂、接插件接触不良、产品参数恶化等失效现象。

④ 潮湿试验：用来检查湿度对电子产品的影响，确定产品在湿热条件下工作和储存的适应性。

⑤ 低气压试验：用于检查低气压对产品性能的影响。

图 1.5 是几种温度试验箱。图 1.6 是几种潮湿试验箱。

温度冲击试验箱（型号 ALT）

温度湿度试验箱

高低温（交变）试验箱

图 1.5　温度试验箱

湿热试验箱

高低温湿热（交变）试验箱

图 1.6　潮湿试验箱

（3）运输试验

运输试验用于检验产品对包装、存储、运输环境条件的适应能力。运输试验可以在模拟运输振动的试验台上进行，如图 1.7 所示为几种模拟运输振动的试验台；也可以进行直接行车试验。

模拟汽车运输振动试验台

ALWQ 模拟运输振动试验台

模拟运输振动台

图 1.7　运输试验设备

（4）特殊试验

特殊试验用于检查产品适应特殊工作环境的能力。特殊试验包括烟雾试验、防尘试验、抗霉菌试验和辐射试验等。特殊试验设备如图 1.8 所示。

ALST 盐水喷雾试验箱

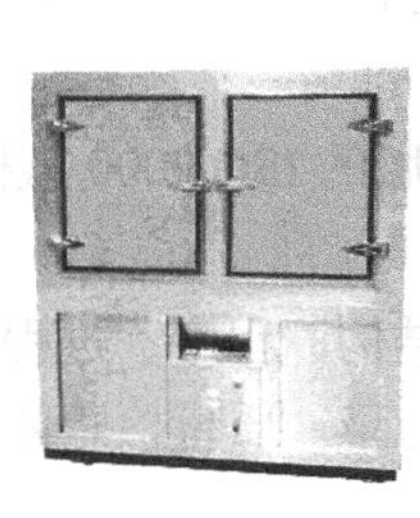
防尘试验箱（标准型）

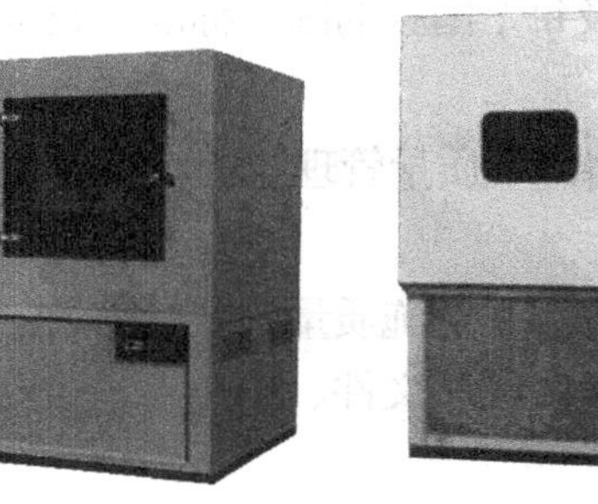
霉菌试验箱

盐水喷雾试验机

紫外灯耐气候试验箱

图 1.8　特殊试验设备

本章小结

本章主要介绍了质量检验的基础知识、质量检验中的标准化和电子产品检验的基本知识。

质量检验是企业全面质量管理的重要组成部分。质量管理起源于质量检验，质量检验随质量管理的发展而发展。质量检验经历了三个阶段。

检验是对产品的一种或多种特性进行测量、检查、试验，并与指定要求进行比较，以确定每项特性是否合格的活动。

质量检验有四大职能：评价作用、把关作用、预防作用和信息反馈作用。

标准化工作是产品质量检验的基础和支柱。标准化工作的任务是制定标准、组织实施标准和对标准的实施进行监督。标准化工作这三项任务是互相联系、互相依赖、互相制约的三个环节和统一过程。标准实施监督可分为三种类型：政府监督、企业自我监督和社会监督。政府监督的最高机构是国务院标准化行政主管部门——国家质量技术监督局。

按约束力分，标准可分为强制性标准、推荐性标准和指导性技术文件三种。按照标准的属性，可以把标准分为技术标准、管理标准和工作标准三大类。技术标准、管理标准和工作标准三者相互关联。其中，技术标准是主体；管理标准和工作标准是为贯彻技术标准服务的，是技术标准得到有效实施的前提和保证。

根据标准适用范围的不同，可将标准分为不同的级别。在国际范围内，有国际标准、区域标准以及每个国家的国家标准。我国的标准分为国家标准、行业标准、地方标准、企业标准四级。

ISO 将八项质量管理原则应用于 2000 版的 ISO 9000 族标准中，作为 ISO 9000 族标准的基础。

质量体系是实施质量管理所需的组织结构、程序、过程和资源。质量体系的文件构成包括质量手册、程序文件、作业程序和质量记录。质量检验体系是企业质量管理体系的重要组成部分。

电子产品检验是由质量检验部门按标准规定的测试手段和方法，对原材料、元器件、零部件和整机进行的质量检测和判断。电子产品检验形式可按不同的情况或从不同的角度进行分类。

抽样检验是按预先确定的抽样方案，从交验批中抽取规定数量的样品构成一个样本，通过对样本的检验推断批合格或批不合格。

企业质量检验的主要活动内容有两方面：一是产品检验和试验，二是质量检验的管理工作。电子企业的产品检验工作按照生产过程的不同阶段和检验对象不同划分为三个阶段：进货检验、过程（工序）检验和整机检验。

电子产品检验工作的一般流程：定标→抽样和测定→比较和判断→处理→记录。

习题 7

1. 质量检验经历了哪几个阶段？每个阶段的特点是什么？
2. 什么是检验？试述检验与全面质量管理的关系。
3. 质量检验的工作内容是什么？质量检验有哪些职能和作用？
4. 什么是标准和标准化？为什么要对标准的实施进行监督？有哪些监督类型？
5. 我国的标准分哪几级？标准按属性分为哪几类？它们之间有什么关系？
6. 简述八项质量管理原则的内容。

7. 什么叫质量体系？试述质量体系文件的构成。

8. 什么叫电子产品检验？电子企业质量检验的主要活动内容包括哪些？

9. 试述抽样检验与全数检验的不同。

10. 电子企业产品检验分哪几个阶段？

11. 电子产品检验的一般流程是什么？

12. 电子产品检验工作的依据和基础是什么？

第 2 章 电子产品检验工艺

2.1 概述

2.1.1 电子产品生产与检验工艺

1. 电子产品生产工艺

生产工艺是生产者利用生产设备和生产工具，对各种原材料、半成品进行加工或处理，使之最后成为符合技术要求的产品的艺术（程序、方法、技术），它是人类在生产劳动中不断积累起来并经过总结的经验和技术能力。

电子产品整个系统由整机组成，整机由部件组成，而部件由零件、元器件等组成。这里所描述的电子产品生产工艺是指整机的生产工艺。

如图 2.1 所示为某已经定型生产的电子整机产品生产工艺大致流程。

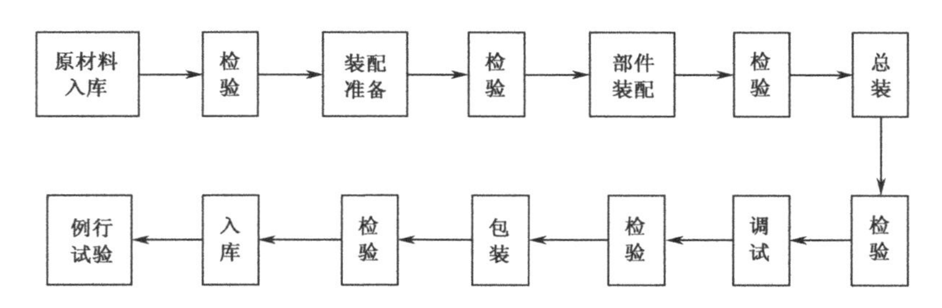

图 2.1 某电子产品生产工艺大致流程

产品生产工艺是一门综合学科，其对人员、物料、设备、能源、信息的组成进行系统研究和分析，以期降低生产成本、保证产品质量、保障生产安全、提高生产效率，从而获得最佳效益。生产工艺必须由专业人员根据每一个产品科学合理地制订。

工艺通常是以工艺文件的形式反映出来的。按照一定的条件选择产品最合理的工艺过程（生产过程），将实现这个工艺过程的程序、内容、方法、工具、设备、材料以及每一个环节应该遵守的技术规程，用文字的形式确定下来，称为工艺文件。

电子产品工艺文件一般包括生产线布局图、产品工艺流程图、实物装配图、印制板装配图等。工艺文件是指导操作者生产、加工、操作的依据。对照工艺文件，操作者应该能够知道产品是什么样子，怎样把产品做出来，但不需要对它的工作原理过多关注。

2. 电子产品检验工艺

由上述内容可见，电子产品的生产过程是一个上下工序紧密联系、比较复杂的过程。为了控制和保证产品质量，在生产过程的各个环节和各道工序，都必须进行质量检验，这是生产过程不可缺少的重要环节之一。

电子产品检验工艺是产品工艺文件的重要组成部分，是检验工作的依据和指导。为确保检验的工作质量，必须对检验过程进行控制，即制定并保持检验的文件化程序，包括检验的管理程序以及具体实施检验的技术性程序，以便验证产品是否满足规定要求，我们把它称为检验工艺文件。

2.1.2 检验工艺文件

检验工艺文件可以作为产品整套工艺文件中的一部分，也可以单列出来。检验工艺文件属于质量体系程序文件，它是产品质量手册的支持性文件，包含了检验活动全部要素的要求和规定，如检验计划、检验流程和检验规程等。通常，我们把所有检验工艺文件的汇总称为检验手册。

1. 质量检验计划

（1）质量检验计划的概念

质量检验计划即质量检验和试验计划，它是对检验涉及的活动、过程和资源做出的规范化的书面（文件）规定，用以指导检验活动正确、有序、协调地进行。

检验计划是生产企业对整个检验和试验工作进行系统策划和总体安排的结果，一般以文字或图表形式明确地规定检验站（组）的设置，配备资源（包括人员、设备、仪器、量具和检具），选择检验和试验方式、方法并确定工作量。它是指导各检验站（组）和检验人员工作的依据，是企业质量工作计划的一个重要组成部分。

（2）质量检验计划的作用

首先，为了保证产品质量，企业在生产活动的各个阶段，都必须由分散在各个生产单位的检验人员来进行检验和试验。这些人员需要熟悉和掌握产品及其检验和试验工作的基本情况和要求，如产品和零件的用途、质量特性，各质量特性对产品性能的影响，以及检验和试验的技术标准，检验和试验项目、方式和方法，检验和试验场地及测量误差等，这样才能更好地保证检验和试验的质量。为此，就需要编制检验计划来予以阐明，以指导检验人员的工作。

其次，现代企业的生产活动从原材料等物资、配件进厂到产品实现最后出厂是一个有序、复杂的过程，涉及不同部门、不同工种、不同过程（工序），以及不同的材料、物资、设备，这些部门、人员和过程都需要协同配合、有序衔接。因而也就要求检验活动和生产作业密切协调、紧密衔接。为此，就需要编制检验计划来予以保证。

最后，检验计划是对检验和试验活动带有规划性的总体安排，编制检验计划有利于节约质量成本中的鉴别费用，降低产品成本，并使检验和试验工作逐步实现规范化、科学化和标准化，使产品质量能够更好地处于受控状态。

（3）质量检验计划的内容

质量检验部门根据企业技术、生产、计划等部门的有关计划及产品的不同情况来编制检验计划，其基本内容有：

① 编制质量检验流程图，确定适合生产特点的检验程序。

② 合理设置检验站、点（组）。

③ 编制主要零部件的质量特性分析表，制定产品不合格严重性分级原则并编制分级表。

④ 对关键和重要的零部件编制检验规程（检验指导书、细则或检验卡片）。

⑤ 编制检验手册。

⑥ 选择适宜的检验方式和方法。

⑦ 编制测量工具、仪器设备明细表，提出补充仪器设备及测量工具的计划。

⑧ 确定检验人员的组织形式、培训计划和资格认定方式，明确检验人员的岗位工作任务和职责等。

2. 检验流程图

企业中的流程图有生产或作业流程图、工艺（工序）流程图和检验流程图三种。其中，工艺流程图是其他流程图的基础和依据。检验流程图是用图形符号，简洁明了地表示检验计划中确定的特定产品的检验流程，检验站设置，检验方式、方法以及相互的顺序和程序的图纸。它是检验人员进行检验活动的依据，它和其他检验规程等一起，构成完整的检验文件。

较简单的产品可以直接采用工艺流程图，并在需要控制和检验的部位、处所，添加检验站和检验的具体内容，起到检验流程图的作用和效果。

比较复杂的产品，则需要在工艺流程图的基础上编制检验流程图，以明确检验的要求、内容及其与各工序之间的清晰、准确的衔接关系。

检验流程图对于不同的企业、不同的产品会有不同的形式和表示方法，不能千篇一律。但一个企业内部流程图的表达方式、图形符号要规范、统一，以便于准确地理解和执行。

3. 检验手册

检验手册是质量检验活动的管理规定和技术规范的文件集合，是各种检验工艺文件的汇总。它是质量检验工作的指导文件，是质量体系文件的组成部分，是质量检验人员和管理人员的工作指南，对加强生产企业的检验工作，提高质量检验业务活动的标准化、规范化，具有重要意义。

检验手册基本上由程序性和技术性两方面内容组成，它的主要内容有质量检验体系和机构、质量检验的管理制度和工作制度、检验程序（包括进货检验、过程检验、成品检验程序）等。产品和工序检验手册可因不同产品和工序而异。编制检验手册是专职检验部门的工作，由熟悉产品质量检验管理和检测技术的人员编写，并按规定程序批准、实施。

2.1.3 检验规程

检验规程又称检验指导书，是产品生产制造过程中，用以指导检验人员正确实施产品和工序检查、测量、试验的技术文件。它是产品检验计划的一个重要部分，其目的是为重要零部件和关键工序的检验活动提供具体的操作指导。它是质量体系文件中一种作业指导性文件，又可作为检验手册中的技术性文件。其特点是表述明确，操作性强；其作用是使检验操作达到统一、规范。

质量检验规程的作用，是使检验人员按检验规程规定的内容、方法和程序进行检验，保证检验工作的质量，有效地防止错检、漏检等现象发生。

检验规程是进行检验工作的依据，是检验人员平时工作中接触最多的检验工艺文件。因此，理解检验规程的意义，掌握检验规程的具体内容和实施，是每一个检验人员必备的能力。

1. 检验规程的内容及格式

检验规程一般应包括：检测内容及技术要求、测试仪器、设备和量具、测试方法、抽样方案、样本大小、判定规则、必要的示意图、注意事项等，以指导检验人员开展检验工作。

在产品生产过程中，各项工艺过程中都存在着质量要求和检验项目。一般说来，工序与工序之间进行质量检验要作为一个独立工序进行填写；对于关键的工序应设置质量控制点，编制工序控制点检验指导卡片；对产品质量要求应明确、合理，能定量的就定量。检验方法要具体，除必须采用百分比检验方法的以外，应大力采用 GB/T 2828—2003 进行抽样检验，也可根据具体情况采用定时抽样检查。这里介绍的检验卡片通常用来编制重要而复杂的零、部、整件产品最后一道工序的检验，也可以用于重要的关键工序后的检验，或用于工艺过程卡片中不易编制的工序间检验。

2. 电子企业检验工艺卡

当检验规程以卡片形式出现时常称之为检验卡片。检验卡片是企业工序检验中经常采用的检验规程形式。依据 SJ/T 10320—1992《工艺文件格式》的规定，我国电子企业检验工艺卡的格式如表 2.1 所示。

表 2.1 电子企业检验工艺卡格式

GS18									
		检验卡片	产品名称			名称			
			产品图号			图号			
	工作地 ①	工序号 ②	来自何处	③		交往何处		④	
	序号	检测内容及技术要求	检测方法	检验器具		全检	抽检		备注
				名称	规格及精度				
	⑤	⑥	⑦	⑧	⑨	⑩	⑪	⑫	⑬
	⑭								
旧底图总号									
底图总号						设计			
						审核			
日期 签名									
						标准化			第 页共 页
	更改标记	数量	更改单号	签号	日期	批准			
描图：				描校：					

“检验卡片”中的 GS18 表示为竖式工艺文件，在该产品工艺文件中代号为 18，为检验

工艺文件。字母含义：G——工艺文件代号，S——竖式。若为横式，则为 H。

“产品名称”、“产品图号”栏填写产品的名称及图号，如 301 型收音机。“图号”栏填写十进制分类编号或隶属编号，如××2.036.02 或 301-3-1 等。

表 2.1 中各编号处的填写方法如下。

① 工作地：该道（检验）工序所属车间（部门）名称或代号。

② 工序号：该工序编号（在产品完整的工艺文件中的编号）。

③ 来自何处：指上一道工序部门。

④ 交往何处：指下一道工序部门。

⑤ 序号：采用阿拉伯数字填写顺序号。

⑥ 检测内容及技术要求：具体检验项目和技术要求。

⑦ 检测方法：检测方法可用标题的形式简练地列出，如“目视法”等。如果检测方法非常复杂，可采用其他专业工艺文件，如 GH17 或 F1—GH1 卡片来编制检测方法，并按规定编号。对引用标准检测方法或其他检验文件的，可只列出其编号、名称（指第一次引用）和条款编号。

⑧ 检验器具的名称：填写该道工序检测内容及技术要求中规定使用的标准仪器、仪表、检验器具的名称及型号。

⑨ 检验器具的规格及精度：填写该道工序检测内容及技术要求中规定使用的标准仪器、仪表、检验器具的规格及精度等级要求。

⑩ 全检：该栏用于标注全检，采用“√”表示。

⑪，⑫ 抽检：该栏填写抽检方案。“抽检”栏下面的两个栏目在该被检项目采用抽检方式检测时，按照采用的抽检标准规定的内容进行填写。

⑬ 备注：按需要填写，一般是注意事项、关键问题及补充说明。

⑭：该栏用于绘制测试连线图。

最后，需要指出的一点是，由于生产过程中工序和作业特点、性质的不同，检验规程的格式、内容也不尽相同。但主要内容应包括：检验项目、技术要求、检验方法、检验方式、缺陷分类及缺陷判据等。由于篇幅、条件等的限制，有些企业的检验规程通常采用程序文件的格式。作为关键步骤的补充，有些企业的检验操作规程除了操作指导书外，还增加了作业注意书。

2.2 来料检验工艺规范

来料检验（Incoming Quality Control，IQC），又称进货检验，即工厂在生产之前首先要对从外面购买或定做的结构件、零件、部件、元器件按照检验工艺要求进行检验，并做好检验记录，填写好检验报告，将检验合格的产品做好标识送入相应仓库。结构件、零件、部件、元器件仓库根据生产任务单发料，车间根据生产任务单领取材料进行生产。

2.2.1 来料检验的对象及实施

1. 检验规范

检验规范是写明检验作业的有关文件，用来规定作业的程序及方法，以利于检验工作的进行。

2. 检验范围

检验范围主要用以明确来料检验的 5W 和 1H。5W 和 1H 的含义如下。

① Why（为什么要检验）。

② What（检验什么）。

③ When（何时检验）。

④ Who（谁执行检验）。

⑤ Where（在何处检验）。

⑥ How（怎样检验）。

3. 检验项目

① 外观检验。

② 尺寸、结构性检验。

③ 电气特性检验。

④ 化学特性检验。

⑤ 物理特性检验。

⑥ 机械特性检验。

⑦ 包装试验。

⑧ 型式试验。

4. 检验

来料检验一般采用随机抽样方法。

① 外观检验：一般用目视、手感等方法。

② 尺寸检验：采用游标卡尺、分厘卡等检验。

③ 结构性检验：采用拉力计、扭力计等检验。

④ 特性检验：使用仪器或设备检验，如使用示波器来检验电气性能等。

⑤ 检验方式：对于所进的物料，由于供料厂商的品质信赖度及物料的数量、单价、体积等各不相同，可根据实际情况分别采用全检、抽检或免检等检验方式。一般对数量少、单价高的重要来料实施全检，数量多的经常性物料多采用抽检，数量多、单价低或认定列为免检厂商生产的物料实行免检。

2.2.2 来料检验流程图案例

某电子设备厂来料检验流程图如图 2.2 所示。

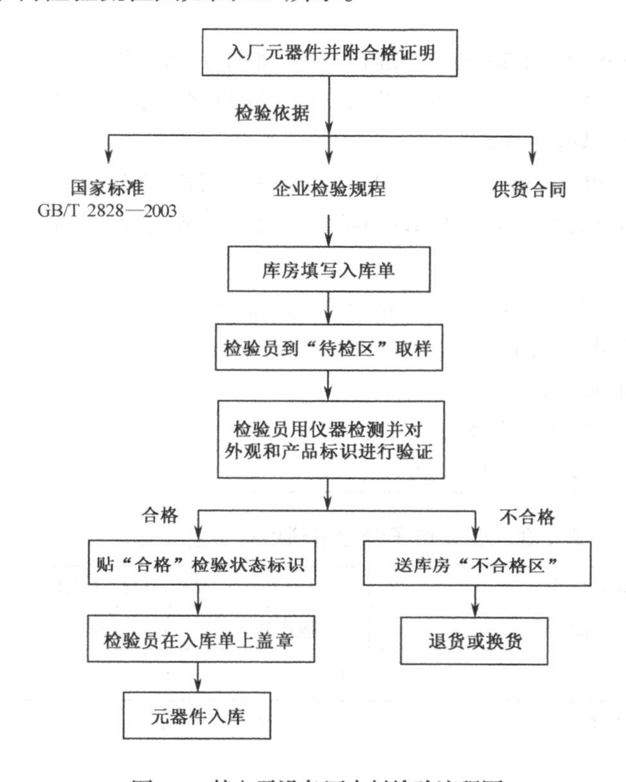

图 2.2　某电子设备厂来料检验流程图

2.2.3 来料检验工艺规范案例

以下案例为某电子企业来料检验企业标准文件，因篇幅原因，这里选择了几种有代表性的产品，器件类产品如电阻、电容、电感、三极管等，非器件类产品选择了插针、插座及线材，这些典型产品的来料检验规范如表 2.2 ~ 表 2.12 所示，仅供读者参考学习。

表 2.2　XXX 电子企业来料检验工艺规范（质量文件）

XXX 电子企业	文件编号：G/LLJY103.1-2013		
QA 规范　　来料检验	版本号：A	页码：1	编制：XXX
1. 目的 对本公司的进货原材料按规定进行检验和试验，确保产品的最终质量。 2. 范围 适用于本公司对原材料的入库检验。 3. 职责 检验员按检验手册对原材料进行检验与判定，并对检验结果的正确性负责。 4. 检验 4.1 检验方式：抽样检验。			

续表

XXX 电子企业	文件编号：G/LLJY103.1-2013		
QA 规范　　来料检验	版本号：A	页码：1	编制：XXX

4.2 抽样方案：

元器件类：按照 GB 2828—87 正常检查 一次抽样方案 一般检查水平Ⅱ进行。

非元器件类：按照 GB 2828—87 正常检查 一次抽样方案 特殊检查水平 Ⅲ 进行。

盘带包装物料按每盘取 3 只进行测试。

替代法检验的物料其替代数量依据本公司产品用量的 2 ~ 3 倍进行替代测试。

4.3 合格质量水平：A 类不合格 AQL=0.4　B 类不合格 AQL=1.5 替代法测试的物料必须全部满足指标要求。

4.4 定义：

A 类不合格：指对本公司产品性能、安全、利益有严重影响的不合格项目。

B 类不合格：指对本公司产品性能影响轻微可限度接受的不合格项目。

5. 检验仪器、仪表、量具的要求

所有的检验仪器、仪表、量具必须在校正计量期内。

6. 检验结果记录在“IQC 来料检验报告”中

表 2.3　XXX 电子企业来料检验工艺规范（目录）

XXX 电子企业	文件编号：G/LLJY103.2-2013		
QA 规范　　来料检验	版本号：A	页码：2	编制：XXX

目　录

续表

XXX 电子企业		文件编号：G/LLJY103.2-2013	
QA 规范　来料检验	版本号：A	页码：2	编制：XXX

续表

材料名称	材料类型	页数
数显表	元器件类	20
扎带	非元器件类	21
说明书、包装箱等印刷品	非元器件类	22
海绵胶条、贴片	非元器件类	23
热缩套管	非元器件类	24
跳线	非元器件类	25
蜂鸣片	元器件类	26
蜂鸣器	元器件类	27
晶体、陶振、滤波器	元器件类	28
继电器	元器件类	29
自恢复熔丝	元器件类	30
送丝机构	元器件类	31
辅料	非元器件类	32

表 2.4　XXX 电子企业来料检验工艺规范（电阻器检验规范）

XXX 电子企业		文件编号：G/LLJY103.3-2013		
QA 规范　来料检验		版本号：A	页码：3	编制：XXX
名称：电阻器				
检验项目	检验方法	检验内容		判定等级
1．型号规格	目检	检查型号规格是否符合规定要求		A
2．包装、数量	目检	检查包装是否符合要求		A
		清点数量是否符合		B
3．外形尺寸、色环、封装、标志	目检	测量外形尺寸，检查表面有无破损	十分微小的破裂，但不会破坏密封	B
			破裂处暴露出零件内部	A
		检查色环、标志是否正确，引脚有无氧化痕迹		A
4．电阻值、偏差	仪器测量	用 LCR 数字电桥测量电阻值		A
测试用仪器、仪表、工具： 1．LCR 数字电桥（ZJ2817A） 2．游标卡尺				

表 2.5　XXX 电子企业来料检验工艺规范（无极性电容器检验规范）

<table>
<tr><td colspan="2">XXX 电子企业</td><td colspan="3">文件编号：G/LLJY103.4-2013</td></tr>
<tr><td colspan="2">QA 规范　　来料检验</td><td>版本号：A</td><td>页码：2</td><td>编制：XXX</td></tr>
<tr><td colspan="5">名称：电容器（无极性）</td></tr>
<tr><td>检 验 项 目</td><td>检验方法</td><td colspan="2">检 验 内 容</td><td>判 定 等 级</td></tr>
<tr><td>1．型号规格</td><td>目检</td><td colspan="2">检查型号规格是否符合规定要求</td><td>A</td></tr>
<tr><td rowspan="2">2．包装、数量</td><td rowspan="2">目检</td><td colspan="2">检查包装是否符合要求</td><td>A</td></tr>
<tr><td colspan="2">清点数量是否符合</td><td>A</td></tr>
<tr><td rowspan="3">3．外形、尺寸、封装、标志</td><td rowspan="3">目检</td><td rowspan="2">测量外形尺寸，检查表面有无破损</td><td>十分微小的破裂，但不会破坏密封</td><td>B</td></tr>
<tr><td>破裂处暴露出零件内部</td><td>A</td></tr>
<tr><td colspan="2">检查标志是否正确，引脚有无氧化痕迹</td><td>A</td></tr>
<tr><td>4．电容量、损耗</td><td>仪器测量</td><td colspan="2">用 LCR 数字电桥测量电阻值</td><td>A</td></tr>
<tr><td colspan="5">测试用仪器、仪表、工具：
1．LCR 数字电桥（ZJ2817A）
2．游标卡尺</td></tr>
</table>

表 2.6　XXX 电子企业来料检验工艺规范（有极性电容器检验规范）

<table>
<tr><td colspan="2">XXX 电子企业</td><td colspan="3">文件编号：G/LLJY103.5-2013</td></tr>
<tr><td colspan="2">QA 规范　　来料检验</td><td>版本号：A</td><td>页 码：5</td><td>编制：XXX</td></tr>
<tr><td colspan="5">名称：电容器（有极性）</td></tr>
<tr><td>检 验 项 目</td><td>检 验 方 法</td><td colspan="2">检 验 内 容</td><td>判 定 等 级</td></tr>
<tr><td>1．型号规格</td><td>目检</td><td colspan="2">检查型号规格是否符合规定要求</td><td>A</td></tr>
<tr><td rowspan="2">2．包装、数量</td><td rowspan="2">目检</td><td colspan="2">检查包装是否符合要求</td><td>A</td></tr>
<tr><td colspan="2">清点数量是否符合</td><td>A</td></tr>
<tr><td rowspan="3">3．外形、尺寸、封装、标志</td><td rowspan="3">目检</td><td rowspan="2">测量外形尺寸，检查表面有无破损</td><td>十分微小的破裂，但不会破坏密封</td><td>B</td></tr>
<tr><td>破裂处暴露出零件内部</td><td>A</td></tr>
<tr><td colspan="2">检查标志是否正确，引脚有无氧化痕迹</td><td>A</td></tr>
<tr><td>4．电容量、损耗</td><td>仪器测量</td><td colspan="2">用 LCR 数字电桥测量电阻值</td><td>A</td></tr>
<tr><td>5．漏电流</td><td>仪器测量</td><td colspan="2">用仪表测量漏电流值</td><td>A</td></tr>
<tr><td colspan="5">测试用仪器、仪表、工具：
1．LCR 数字电桥（J2817A）
2．万用表
3．稳压电源</td></tr>
</table>

表 2.7 XXX 电子企业来料检验工艺规范（电感器检验规范）

<table>
<tr><td colspan="2">XXX 电子企业</td><td colspan="3">文件编号：G/LLJY103.6-2013</td></tr>
<tr><td colspan="2">QA 规范　来料检验</td><td>版本号：A</td><td>页 码：6</td><td>编制：XXX</td></tr>
<tr><td colspan="5">名称：电感器</td></tr>
<tr><td>检验项目</td><td>检验方法</td><td colspan="2">检验内容</td><td>判定等级</td></tr>
<tr><td>1. 型号规格</td><td>目检</td><td colspan="2">检查型号规格是否符合规定要求</td><td>A</td></tr>
<tr><td rowspan="2">2. 包装、数量</td><td rowspan="2">目检</td><td colspan="2">检查包装是否符合要求</td><td>A</td></tr>
<tr><td colspan="2">清点数量是否符合</td><td>A</td></tr>
<tr><td rowspan="3">3. 外形、尺寸、封装、标志</td><td rowspan="3">目检</td><td rowspan="2">测量外形尺寸，检查表面有无破损</td><td>十分微小的破裂，但不会破坏密封</td><td>B</td></tr>
<tr><td>破裂处暴露出零件内部</td><td>A</td></tr>
<tr><td colspan="2">检查标志是否正确，引脚有无氧化痕迹</td><td>A</td></tr>
<tr><td>4. 电感量、偏差</td><td>仪器测量替代测试</td><td colspan="2">电感量用 LCR 数字电桥测量
用替代法测试叠层电感（31#N、33#N、34#N、35#N、36#N、38#N）
用测试好的半成品样品板上相同型号的电感元件进行替换测试，工作正常则判定为合格</td><td>A</td></tr>
<tr><td colspan="5">测试用仪器、仪表、工具：
1. LCR 数字电桥（ZJ2817A）
2. 半成品样品板</td></tr>
</table>

表 2.8 XXX 电子企业来料检验工艺规范（集成电路检验规范）

<table>
<tr><td colspan="2">XXX 电子企业</td><td colspan="3">文件编号：G/LLJY103.7-2013</td></tr>
<tr><td colspan="2">QA 规范　来料检验</td><td>版本号：A</td><td>页码：7</td><td>编制：XXX</td></tr>
<tr><td colspan="5">名称：集成电路</td></tr>
<tr><td>检验项目</td><td>检验方法</td><td colspan="2">检验内容</td><td>判定等级</td></tr>
<tr><td>1. 型号规格</td><td>目检</td><td colspan="2">检查型号规格是否符合规定要求</td><td>A</td></tr>
<tr><td rowspan="2">2. 包装、数量</td><td rowspan="2">目检</td><td colspan="2">检查包装是否为防静电密封包装</td><td>A</td></tr>
<tr><td colspan="2">清点数量是否符合</td><td>A</td></tr>
<tr><td rowspan="2">3. 封装、标志</td><td rowspan="2">目检</td><td colspan="2">检查封装是否符合要求，表面有无破损，引脚是否平整且无氧化现象</td><td>A</td></tr>
<tr><td colspan="2">检查标志是否正确、清晰</td><td>A</td></tr>
<tr><td>4. 功能测试</td><td>替代法测试</td><td colspan="2">将待测试的 IC 与已测试好的成品样品板（模拟板）上相同型号的 IC 替换，再进行功能测试，功能正常的则判合格</td><td>A</td></tr>
<tr><td colspan="5">测试用仪器、仪表、工具：
1. 放大镜（3～5 倍）
2. 模拟板</td></tr>
<tr><td colspan="5">注意事项：
1. 检验时须戴手套，不能直接用手接触集成电路
2. 要有防静电措施</td></tr>
</table>

表 2.9　XXX 电子企业来料检验工艺规范（线路板检验规范）

<table>
<tr><td colspan="2">XXX 电子企业</td><td colspan="3">文件编号：G/LLJY103.8-2013</td></tr>
<tr><td colspan="2">QA 规范　　来料检验</td><td>版本号：A</td><td>页码：8、9</td><td>编制：XXX</td></tr>
<tr><td colspan="5">名称：线路板</td></tr>
<tr><td>检 验 项 目</td><td>检验方法</td><td colspan="2">检 验 内 容</td><td>判 定 等 级</td></tr>
<tr><td>1. 型号规格</td><td>目检</td><td colspan="2">检查型号规格是否符合规定要求</td><td>A</td></tr>
<tr><td>2. 材质</td><td>目检</td><td colspan="2">检查材质是否符合规定要求</td><td>A</td></tr>
<tr><td rowspan="2">3. 包装、数量</td><td rowspan="2">目检</td><td colspan="2">检查包装是否为密封包装</td><td>B</td></tr>
<tr><td colspan="2">清点数量是否符合</td><td>A</td></tr>
<tr><td>4. 外形、尺寸</td><td>目检</td><td colspan="2">测量外形尺寸是否符合要求</td><td>A</td></tr>
<tr><td>5. 表面丝印质量</td><td>目检</td><td colspan="2">检查表面丝印内容是否正确，有无漏印、印斜、字迹模糊不清等现象</td><td>A</td></tr>
<tr><td rowspan="12">6. 线路板质量</td><td rowspan="2">目检</td><td rowspan="2">线路板有无弯曲、变形现象</td><td>线路板有轻微的弯曲和变形，但不影响安装质量</td><td>B</td></tr>
<tr><td>线路板有严重的弯曲和变形，影响安装质量</td><td>A</td></tr>
<tr><td>目检</td><td colspan="2">检查各线路之间是否有桥接现象，焊盘孔、安装孔是否有被堵现象</td><td>A</td></tr>
<tr><td rowspan="2">目检</td><td rowspan="2">导体线路是否有损坏</td><td>表面损坏未露出基层金属，对焊接没有影响，断裂未超过横切面的 20%</td><td>B</td></tr>
<tr><td>表面损坏露出基层金属，断裂超过横切面的 20%</td><td>A</td></tr>
<tr><td rowspan="2">目检</td><td rowspan="2">表面是否有起泡、上升或浮起现象</td><td>有局部起泡、上升或浮起，在非焊盘或导体区域</td><td>B</td></tr>
<tr><td>在焊盘或导体处有起泡、上升或浮起现象，影响焊接质量</td><td>A</td></tr>
<tr><td rowspan="2">目检</td><td rowspan="2">焊盘和贯穿孔的对准度</td><td>贯穿孔与焊盘的对准度明显已脱离中心，但与焊盘边的距离在 0.05mm 以上</td><td>B</td></tr>
<tr><td>贯穿孔与焊盘的对准度很明显地已脱离中心</td><td>A</td></tr>
<tr><td>目检</td><td colspan="2">是否因斑点、小水泡或膨胀而造成叠板内部纤维分离</td><td>A</td></tr>
<tr><td>目检</td><td colspan="2">是否有脏、油和外来物影响安装质量</td><td>A</td></tr>
<tr><td>目检</td><td colspan="2">有轻微的脏污</td><td>B</td></tr>
<tr><td colspan="5">测试用仪器、仪表、工具：
1. 游标卡尺
2. 放大镜（3 ~ 5 倍）</td></tr>
</table>

表 2.10　XXX 电子企业来料检验工艺规范（三极管检验规范）

XXX 电子企业		文件编号：G/LLJY103.9-2013	
QA 规范　来料检验		版本号：A ｜ 页码：10 ｜ 编制：XXX	
名称：三极管			
检验项目	检验方法	检验内容	判定等级
1．型号规格	目检	检查型号规格是否符合规定要求	A
2．包装、数量	目检	检查包装是否符合要求	A
		清点数量是否符合	A
3．外形、尺寸、封装、标志	目检	测量外形尺寸，检查表面有无破损	B
		检查标志是否正确、清晰，引脚有无氧化现象	A
4．电气参数	仪器测量	用晶体管图示仪测量三极管的放大倍数、U_{CEO}、U_{CB}	A

测试用仪器、仪表、工具：
1．晶体管图示仪（WQ4832）
2．万用表

表 2.11　XXX 电子企业来料检验工艺规范（插针、插座检验规范）

XXX 电子企业		文件编号：G/LLJY103.10-2013	
QA 规范　来料检验		版本号：A ｜ 页码：11 ｜ 编制：XXX	
名称：插针、插座			
检验项目	检验方法	检验内容	判定等级
1．型号规格	目检	检查型号规格是否符合规定要求	A
2．包装、数量	目检	检查包装是否符合要求	B
		清点数量是否符合	A
3．外形、尺寸	目检	测量外形尺寸是否符合要求，检查表面有无破损、外伤、不光滑	A
4．可焊性	实际焊接试验	可焊性良好	A

测试用仪器、仪表、工具：
1．数字万用表（DT-9205）
2．游标卡尺
3．烙铁台

表 2.12　XXX 电子企业来料检验工艺规范（线材检验规范）

<table>
<tr><td colspan="3">XXX 电子企业</td><td colspan="3">文件编号：G/LLJY103.12-2013</td></tr>
<tr><td colspan="3">QA 规范　　来料检验</td><td>版本号：A</td><td>页码：12</td><td>编制：XXX</td></tr>
<tr><td colspan="6">名称：线材</td></tr>
<tr><td>检 验 项 目</td><td>检 验 方 法</td><td colspan="3">检 验 内 容</td><td>判 定 等 级</td></tr>
<tr><td>1. 型号规格</td><td>目检</td><td colspan="3">检查型号规格是否符合规定要求</td><td>A</td></tr>
<tr><td rowspan="2">2. 包装、数量</td><td rowspan="2">目检</td><td colspan="3">检查包装是否符合要求</td><td>B</td></tr>
<tr><td colspan="3">清点数量是否符合</td><td>A</td></tr>
<tr><td>3. 外形、尺寸</td><td>目检</td><td colspan="3">用卡尺或卷尺测量线材的长度及插头的尺寸</td><td>A</td></tr>
<tr><td rowspan="3">4. 外观检查</td><td rowspan="3">实际焊接试验</td><td rowspan="3">检查线材表面有无破损、外伤，剥出的线头是否按规定要求进行过处理</td><td colspan="2">线材破损，露出内部金属导线</td><td>A</td></tr>
<tr><td colspan="2">线材破损，但没有露出内部金属导线</td><td>B</td></tr>
<tr><td colspan="2">剥出的线头没有按规定要求进行处理</td><td>A</td></tr>
<tr><td>5. 导通测试</td><td>仪表测量</td><td colspan="3">用数字万用表测量</td><td>A</td></tr>
<tr><td colspan="6">测试用仪器、仪表、工具：
1. 数字万用表（DT-9205）
2. 游标卡尺
3. 卷尺（3m）</td></tr>
</table>

2.3　过程检验工艺规范

2.3.1　过程检验的三种形式

过程（工序）检验在电子行业中俗称流水检验，一般分为 PCB 装配检验、焊接检验、单板调试检验、组装合拢检验、总装调试检验、成品检验。只有通过严格的过程检验，才能保证合格产品进入下一道工序。对检查出的不合格品，应做出标识，对其进行记录、隔离、评价和处理，并通知有关部门，作为纠正或纠正措施的依据。

过程检验通常有三种形式。

1. 首件检验

首件检验是对加工的第一件产品进行的检验，或是在生产开始时（上班或换班）或工序因素调整（调整工装、设备、工艺）后对前几件产品进行的检验。其目的是及早发现质量缺陷，防止产品成批报废，以便查明缺陷原因，采取改进措施。

2．巡回检验

巡回检验是指检验员在生产现场，按一定的时间间隔对有关工序进行的流动检验。

3．完工检验

完工检验是对一批加工完的产品（这里指零件、部件）进行的全面检验。

2.3.2 过程检验工艺规范案例

电子行业过程检验中的几个重要环节，如 PCB 装配焊接检验、PCB 喷涂两遍清漆后的工序检验、部件组装检验、整机组装合拢工序质量检验等典型案例如表 2.13 ~ 表 2.17 所示。其中，表 2.13 是过程检验的总质量文件，表 2.14 ~ 表 2.17 分别是过程检验中几道工序环节的质量检验规程。

另外，鉴于目前先进的电子产品，特别是计算机及通信类电子产品的组装中，已普遍采用了 SMT（Surface Mount Technology，表面贴装技术，它是一种现代电路板组装技术，它实现了电子产品组装的高密度、高可靠、小型化、低成本要求和生产自动化），表 2.18 给出了电子行业过程检验中的“SMT 的制程巡检规程”案例，以供读者学习参考。

表 2.13　XXX 电子企业过程检验工艺规范（质量文件）

<table>
<tr><td colspan="2">XXX 电子企业</td><td colspan="3">文件编号：G/GCJY104.1-2013</td></tr>
<tr><td colspan="2">QA 规范　　过程检验</td><td>版本号：A</td><td>页码：1</td><td>编制：XXX</td></tr>
<tr><td colspan="5">工序检验规程
1．目的
对产品工序过程实施控制，以保证产品在生产过程中严格执行操作工艺，保证工序产品的质量。
2．范围
适用于产品工艺规定的所有工序的质量检验，尤其在设定的质控点和关键工序应加强检验。
3．职责
3.1　各道工序生产操作者自检。
3.2　互检，操作者对上道工序检验。
3.3　质控点或关键工序由质检部派设专职检验员。
4．操作程序
4.1　自检程序：工序操作者对完成了该道工序的产品认真检查，全面执行工艺规定的程序，检查有无漏装、少装、漏焊、错焊。
4.2　互检程序：下道工序对上道工序转来的产品按工艺要求要进行检验。
4.3　专检：质控点上的专职检验员对工艺规定的前几道工序质量进行检验。
5．不合格品处置
5.1　自检发现不合格品时应立即返工，自检合格方可转到下道工序；自检后仍不合格应反馈到工艺主管分析原因，确认是否工艺不合理或者原材料、器件有问题。</td></tr>
</table>

续表

XXX 电子企业		文件编号：G/GCJY104.1-2013	
QA 规范　过程检验	版本号：A	页码：1	编制：XXX

5.2 下道工序对上道工序检查不合格，应不接受上道工序转来的工序产品。

5.3 专职检验员发现不合格品应退还该道工序操作员返工；如发现有批量不合格应反馈到工艺主管，分析不合格品产生原因。

6. 质量记录

6.1 《工序检验记录》。

表 2.14　XXX 电子企业过程检验工艺规范（PCB 装配焊接检验规程）

XXX 电子企业		文件编号：G/GCJY104.2-2013	
QA 规范　过程检验	版本号：A	页码：2	编制：XXX

PCB 装配焊接检验规程

1. 目的

确保装配正确，保证后道工序调试正常进行。

2. 范围

生产线上装配完工的 PCB。

3. 职责

设立质量控制点，配备专职检验员。

4. 检验方法

4.1 有极性和方向的元器件不得装错极性和方向。

4.2 焊点饱满，光滑、无毛刺，不得有虚焊、连焊和漏焊现象。

4.3 带元件的印制板上不得有松香、焊剂等异物。

4.4 发现问题应立即交操作者返工，若是批量问题应反馈到工艺主管部门研究处理。

5. 质量记录

5.1 做好《PCB 装配焊接工序检验记录》。

表 2.15　XXX 电子企业过程检验工艺规范（PCB 喷涂两遍清漆后的工序检验规程）

XXX 电子企业		文件编号：G/GCJY104.3-2013	
QA 规范　过程检验	版本号：A	页码：3	编制：XXX

PCB 喷涂两遍清漆后的工序检验规程

1. 目的

检查喷涂绝缘清漆工序质量，使 PCB 能达到防潮、防霉、防腐蚀功能，保证电路可靠工作。

2. 范围

所有装配完成后的 PCB。

3. 职责

此为关键工序，设专检员负责。

4. 检验程序

4.1 跟踪喷涂工序操作员是否按工艺操作，记录喷涂两遍清漆的过程。

4.2 清漆晾干后要达到外观上完整覆盖整个印制板，清漆层均匀、透明、光亮。

续表

XXX 电子企业		文件编号：G/GCJY104.3-2013		
QA 规范	过程检验	版本号：A	页码：3	编制：XXX
4.3 插接部分不允许沾上清漆，以保证和插座可靠接触。 5. 质量记录 5.1 做好《PCB 喷涂清漆工序检验记录》。				

表 2.16　XXX 电子企业过程检验工艺规范（部件组装检验规程）

XXX 电子企业		文件编号：G/GCJY104.4-2013		
QA 规范	过程检验	版本号：A	页码：4	编制：XXX
部件组装检验规程 1. 目的 检查组装完工部件的完整性及组装质量。 2. 范围 所有装配完工的部件。 3. 职责 质控点设专职检验员。 4. 检验方法 4.1 外观检验：检查所用的部件是否符合设计文件要求，表面有无划伤。 4.2 紧固件应经过防锈处理，紧固件应有防止自动松脱措施。 4.3 所用连接线应符合要求。 5. 质量记录 5.1 做好《部件组装工序检验记录》。				

表 2.17　XXX 电子企业过程检验工艺规范（整机组装合拢工序质量检验规程）

XXX 电子企业		文件编号：G/GCJY104.5-2013		
QA 规范	过程检验	版本号：A	页码：5	编制：XXX
整机组装合拢工序质量检验规程 1. 目的 确保整机组装按工艺操作，达到完整正确，以保证整机调试正常进行。 2. 范围 整机组装后，须经检验，方可转入调试。 3. 职责 质控点安排专职检验人员。 4. 检验方法 4.1 表面不应有明显划伤、凹痕、裂缝及变形现象，表面涂层应均匀，不应有气泡和脱落现象。 4.2 整机各部件安装应正确，紧固、无松动。 4.3 隔爆面不得有划痕、砂眼等缺陷。 4.4 操作部件应灵活，无卡死现象发生。 4.5 连线应正确。 4.6 铭牌与标志应完整、清晰、牢固。 5. 质量记录 5.1 做好《整机组装合拢工序质量检验记录》。				

表 2.18　XXX 电子企业过程检验工艺规范（SMT 的制程巡检规程）

XXX 电子企业	文件编号：G/GCJY105.1-2013		
QA 规范　　过程检验	版本号：A	页码：XX	编制：XXX

SMT 的制程巡检规程

1. 目的

防范人为、机械上的失误，提高工作效率，降低产品不良率，使产品品质达到一致水准的稳定性。

2. 范围

适用于生产线品质控制。

3. 职责

质控点安排专职检验人员。

4. 检验方法

4.1　过程检验依巡检表上的检查项目及检验频率进行核查。

4.2　在巡检中发现有不符合规定的情况时，应立即与该工作站的主管协调，进行改善，并将异常状况记录于巡检表中。

4.3　遇重大品质异常时，除按照 4.2 项处理外，还要立即反映到品保主管及相关部门，以便共同处理。

4.4　巡检时，除检验各工作站的工作内容外，还应检验以下各项。

4.4.1　静电防护；

4.4.2　识别标签；

4.4.3　首件检查；

4.4.4　每日不良率管制图；

4.4.5　附过程检验制程巡回检查表（略）。

5. 质量记录

5.1　做好《SMT 的制程巡检记录》。

2.4　最终检验和出货检验规范

最终检验也称成品检验或出厂检验，是产品完工后和入库前或发到用户手中之前进行的一次全面检验。

出货检验一般在出厂前最近的一段时间内进行，尤其是对电子产品而言，湿度往往会对成品的质量造成影响。出货检验有时与最终检验相同，有时会更加全面，有时则只检验某些项目，如外观检验、性能检验、寿命试验、特定的检验项目和包装检验等。

对电子整机产品生产企业而言，成品检验也称整机检验，检验类型一般分为三种：交收试验、定型试验和例行试验。企业生产线上电子整机产品的检验，要遵循一定的作业程序，依据检验工艺进行。电子整机产品检验作业程序如下。

① 生产部门在电子整机产品装配调试完成后，填写“生产入库单”，送质检部门通知检验。质检人员依拟定的抽样方案到库房抽取样品进行检验。

② 检验人员依据产品设计技术文件、企标等，进行外观及电气功能检验，并将检验结果填

入“检验记录卡（单）”中。检验合格品则贴上“合格”标签，放置于 “合格区”内。

③ 检验中对工艺标准的判定有疑异时，可参考相关工艺标准等。

④ 检验时若发现“装配工艺卡”内容与产品设计文件不符，必须立即报告主管以了解实际装配要求。

⑤ 相同的不合格原因如果持续发生，必须报告单位主管处理，必要时应填写“质量异常处理单”。

⑥ 经检验不合格的产品，要置于“不合格区”内并贴上“不合格”标签。不合格品应全数退回生产单位重新检修调试，然后按原项目进行复检，合格则入库，不合格则予以返工。

⑦ 不合格品仍要使用时，则须依照企业特殊规定处理。

⑧ 如果在第三地直接进行交货验收，可委托第三地的交货者代为进行检验，并以其出具的“检验报告”作为该批货品质量验收的依据。也可派质检人员前往第三地进行货品验收。

⑨ 生产单位入库的整机产品包装箱上须标示产品名称、商标、编号、出厂日期、数量等。

⑩ 经检验合格的产品在出货前，如果客户提出验货要求，则应在复检合格品原合格标签的旁边贴上用于标示复检合格的标签。

2.4.1 交收试验

交收试验的检验内容包括常温条件下的开箱检查项目和常温条件下的安全性、电性能、机械性能的检验项目。这些内容，应由检验人员，按照产品标准（或产品技术条件）的规定，依据 GB/T 2828—2003，采用一次正常抽样，对产品进行一般检查水平的检验。

交收试验常用的检验方法如下。

1. 开箱检查

开箱检查项目：包装检查、产品外观检查。

检查方法：视查法。

2. 安全检查

安全检查项目：安全标记、电源线、正常条件下的防触电、绝缘电阻及抗电强度等。

检查方法：用相关的检测仪器、设备。

3. 电性能检验

电性能检验项目：主要是对电性能参数进行检查，应按照产品标准（或产品技术条件）的规定检查。

检查方法：用相关的检测仪器、设备。

4．机械性能检验

机械性能检验项目：开关、按键、旋钮的操作灵活性、可靠性，整机机械结构及零部件安装的紧固性。

检查方法：目测法、手感法。

2.4.2 定型试验

定型试验的检验内容除包括交收试验的全部项目外，还应包括环境试验、可靠性试验、安全性试验和电磁兼容性试验等（为了保护用户、消费者人身安全和合法利益，必须进行环境试验、可靠性试验、安全性试验和电磁兼容性试验，它们均为国家强制执行的试验）。试验时可在试制样品中按照国家抽样标准进行抽样，或将试制样品全部进行试验。试验目的主要是考核试制阶段中试制样品是否已达到产品标准（技术条件）的全部内容。定型试验目前已较少采用，多采用技术鉴定的形式。

下面以收、录音机为例，简要介绍其定型试验基本内容。

1．环境试验

依据国家标准 GB/T 9384—1997《广播收音机、广播电视接收机、磁带录音机、声频功率放大器（扩音机）的环境试验要求和试验方法》进行试验。环境试验主要包括气候试验和机械试验。

（1）气候试验内容

① 高温负荷试验。

② 高温储存试验。

③ 恒定湿热试验。

④ 低温负荷试验。

⑤ 低温储存试验。

⑥ 温度变化试验。

⑦ 低气压试验。

（2）机械试验内容

① 扫频振动。

② 碰撞试验。

③ 跌落试验。

2．可靠性试验

依据国家标准 GB 5080.7—1986《设备可靠性试验恒定失效与平均无故障时间的验证试验方法》进行试验。

例如，对于彩电等产品，它们的平均无故障工作时间（MTBF），一等品和合格品应达到15 000h，优等品应达到 20 000h。

3．安全性试验

主要依据国家标准 GB 8898—1997《电网电源供电的家用和类似一般用途的电子及有关设备的安全要求》进行试验。

在电子产品中，安全性试验常依据 GB 8898—1997 第 10 章绝缘要求：电涌试验、湿热处理、绝缘电阻和抗电强度标准进行。

4．电磁兼容性试验

电磁兼容性指标包括干扰特性、传导抗扰度和辐射抗扰度等方面，涉及国家标准 GB 13837—1997《声音和电视广播接收机及相关设备干扰特性允许值和测量方法》、GB/T 9383—1999《声音和电视广播接收机及有关设备抗扰度限值和测量方法》和 GB/T 13838—1992《声音和电视广播接收机及相关设备辐射抗扰度特性允许值和测量方法》。

2.4.3 例行试验

1．需要进行例行试验的情况

例行试验的内容与定型试验的内容基本相同。例行试验一般在下列情况之一发生时进行。

① 正常生产过程中，定期或积累一定产量后，应周期性进行例行试验。

② 长期停产后恢复生产，出厂检验结果与上次型式检验有较大差异时，应进行例行试验。

③ 国家质量监督机构提出进行例行试验的要求时，应进行例行试验。

2．例行试验的检验项目

例行试验的检验项目有：电性能参数测量、安全检验、可靠性试验、环境试验和电磁兼容性试验等。

2.4.4 电子整机产品检验工艺规范案例

案例一：液晶彩色电视机整机检验规范，如表 2.19 所示。

表 2.19 XXX 液晶彩色电视机整机检验规范

XXX 电视机生产企业	文件编号：Z/ZJJY301.1-2013		
QA 规范　　整机检验	版本号：A	页码：XX	编制：XXX

液晶彩色电视机整机检验规范

1．目的

本规范规定了我厂所有液晶彩色电视机的一般要求、技术要求和检验方法，是液晶电视进行质量检验的重要依据。

2．适用范围

本标准适用于我厂研制生产的符合国家有关标准的液晶彩色电视机。

3．引用标准及文件

下列标准及文件，通过在本标准中引用而构成本标准条文的一部分。所有标准及文件都会被修订及更新，使用本标准的各方应探讨使用下列标准及文件最新版本的可能性。

GB 8898—2001　《音频、视频及类似电子设备安全要求》

GB/T 10239—2003　《彩色电视广播接收机通用规范》

Q/SCWR 002—2007　《彩色电视机企业标准》

Q/SCWB 2040—2008　《注塑成品后壳检验标准》

Q/SCWN 001—2004　《光油机壳检验标准》

Q/SCWB 2020—2008　《彩色液晶电视机 LCD 屏缺陷定义及检验标准》

4．一般要求

4.1　正常测试条件

温度：15～35℃

相对湿度：25%～75%

大气压力：86～106kPa

电源电压：交流 160～260V

电源频率：50/60 Hz

在上述测试条件下，被测设备应满足其性能规范；在比上述测试条件更宽的范围内，设备仍能工作，但可不满足其所有的性能规范，并允许被测设备在更为极端的条件下储存。

4.2 外接设备要求

彩色电视机与耳机、外接扬声器、音箱、录音机、录像机、微机和电缆系统等视频、音频设备配接时，其视频、音频和高频的互连配接要求按 GB 12281 和 GB/T 15859 中的有关规定，视频连接器也可按 SJ 2303 的要求。彩色电视机与外接直流电源的配接要求由产品标准中规定，但不得采用与音频、视频和高频配接时相同的连接器。

5．检验要求和方法

5.1 安全检验要求和方法

5.1.1 在交流 3000V 高压漏电检查时不应出现击穿和打火（飞弧）；

5.1.2 直流绝缘电阻阻值应在 4～10MΩ之间；

5.1.3 安全质量检验方法采取仪器仪表测量、目测等，具体检测标准按附录 A 的规定。

续表

XXX 电视机生产企业		文件编号：Z/ZJJY301.1-2013	
QA 规范　　整机检验	版本号：A	页码：XX	编制：XXX

5.2 外观检验要求及方法

5.2.1 产品外观必须具有标志，且标志正确、清晰可辨；

5.2.2 产品机壳或后盖贴纸上必须有产品商标、型号、名称、生产企业名称；

5.2.3 产品后盖必须具有警告用户安全使用的“警告标记”；

5.2.4 产品后盖上应有电源性质、额定电压、最大电流、电源频率、功耗等；

5.2.5 产品后盖贴纸上必须有 3C 认证、环保标识；

5.2.6 产品面壳上必须有正确的电源开关丝印；

5.2.7 产品面壳表面检验项：表面光滑，不能存在凹凸变形、粗糙不平、划伤、脱漆、缩水、间隙、裂纹、毛刺、边缘棱角突出、霉斑、脏污、色差、网孔堵塞、金属斑点、黑点、纹理等任何缺陷；

5.2.8 外观各类文字、图案及符号丝印应端正、清晰、牢固，标识功能应与实际产品特性相符；

5.2.9 产品保护膜应粘贴良好，无破损、脏污等不良；

5.2.10 产品铭牌、装饰件、紧固件及其他零部件应无锈蚀、变形、划伤、金属斑点、黑点等任何不良现象，且安装牢固、匹配良好，无缺损、脱落、松动、歪斜、间隙、台阶、螺孔错位等问题；

5.2.11 指示灯、接收头及其白镜或红镜安装应规范，不应有漏装或歪斜凹凸等现象；

5.2.12 开关、按键等应操作灵活可靠，无缺损、变形、划伤、歪斜凹凸等问题；

5.2.13 各类音视频输入输出接口（含 RF、S、YPBPR、VGA、HDMI 接口等）应安装牢固，端子颜色正确。

5.2.14 外观质量检验方法采取目测、工具测量和手感检验等，具体检验标准按附录 B 的规定。

5.3 图像检验要求和方法

5.3.1 图像质量用相应的信号发生器作为信号源进行检验，主要采取主观法；

5.3.2 调节图像色度、亮度、对比度等参数，产品表现出的图像透亮度、清晰度、彩色鲜艳度应能达到产品设计要求；

5.3.3 要求图像亮、暗场无偏色，灰度等级至少大于 8 级；

5.3.4 图像不能有竖条、横条、彩带、暗带、缺色、无彩、网纹、图像破损、屏幕局部不发光等任何不正常现象；

5.3.5 图像在规定强度的射频信号和视频信号下，应无横纹、斜纹、网纹、噪波等任何干扰；

5.3.6 要求在敲击机箱和高低压切换时，图像应稳定无异常；

5.3.7 图像质量检验方法采取目测、仪器仪表测量和手感检验等，具体检验标准按附录 C 的规定。

5.4 伴音检验要求和方法

5.4.1 左右声道及其任一喇叭，伴音音量大小应适中，且伴音功率应符合企业标准和产品标准；

5.4.2 要求在敲击机箱和切换高低压时，伴音正常，不应出现断续、失真等现象；

5.4.3 伴音无断续、杂音、失真、蜂音、底噪声、机振以及元器件发出的低频或高频噪声等任一现象；

5.4.4 调节伴音各参数，伴音变化曲线不应过于平缓和陡峭，也不应有死点、跳变和滑动噪声；

5.4.5 伴音左右声道相位正常，环绕声、重低音、WOW 等效果应明显；

5.4.6 开关机、转台，无明显冲击声；

5.4.7 伴音不应干扰图像，同时要求 TV 与 AV 之间、各音频输入端子之间无伴音串扰；

5.4.8 主要通过目测和仪器测试，具体按照附录 D 中的内容进行检查。

5.5 屏幕检验要求和方法

5.5.1 屏幕应无超标欠点，如暗点、闪点、辉点、明点和污点等瑕疵；

续表

<table>
<tr><td colspan="2">XXX 电视机生产企业</td><td colspan="3">文件编号：Z/ZJJY301.1-2013</td></tr>
<tr><td>QA 规范</td><td>整机检验</td><td>版本号：A</td><td>页码：XX</td><td>编制：XXX</td></tr>
<tr><td colspan="5">5.5.2 主要通过目测和仪器测试，具体按照附录 D 中的内容进行检查。
5.6 功能检验要求和方法
5.6.1 功能检查主要采取目测、视听和手感检查；
5.6.2 要求指示灯在产品各种工作状态下，显示正常（颜色）；
5.6.3 要求各类音视频输入输出接口（含 RF 接口、S 端子接口、YUV 接口、VGA 接口等）功能正常，图像、伴音一致性良好；
5.6.4 要求菜单各调节功能正常，符合产品设计规定；
5.6.5 遥控器各有效按键功能正常，无接触不良、反应迟钝、手感差等问题，同时要求遥控距离、角度符合 SJ/T 14960—94 的技术要求；
5.6.6 要求开关、按键功能正常，符合设计要求。
6. 检验规则
6.1 样机检验
6.1.1 要求显示屏与面框配合良好，无超标间隙；
6.1.2 显示屏安装牢固，螺母紧固力矩符合要求；
6.1.3 机器内部其余紧固件、散热片及其他零部件等不应有缺损、锈蚀、松动、变形、霉斑、脏污等；
6.1.4 机器主板无断裂、松动，固定主板的螺钉无少打、错打现象；
6.1.5 各类连接线无断裂隐患，机内机外无异物，如金属铁屑。
在每个生产订单生产前，使用本订单物料安装一台样机，并对这台样机的各项质量特性、工艺进行全面检验，保证量产顺利。
6.2 首件检验
每个生产订单上线批量生产时的第一台机器即为首件，对首件的各项质量特性进行全面检查。
6.3 全数检验
在生产过程中，对机器的各项质量特性进行逐项检验即为全数检验，并对检验的机器做出合格与不合格的判定。
7. 质量记录
7.1 做好《液晶彩色电视机整机检验记录》。</td></tr>
</table>

案例二：收、录音机常温电性能测试规范，如表 2.20 所示。

电子产品性能指标的测试是整机检验的主要内容，通过检验可以考查产品是否符合国家或企业的技术要求。

电子产品性能指标检验工艺规范是对检验活动的总体安排，一般包括目的、适用范围、引用文件、抽样计划、缺陷分类及评分、检测内容及技术要求等。

上述规范也作为本书实习部分的参考范例。

表2.20　收、录音机常温电性能测试规范

XXX收、录音机生产企业		文件编号：Z/ZJJY201.1-2013	
QA规范　　整机检验	版本号：　A	页码：XX	编制：XXX

收、录音机常温电性能测试规范

1．目的

本规范规定了本企业生产的收、录音机进行产品质量审核的范围、项目、方法、顺序、缺陷分类及制定标准、抽样方案。

2．适用范围

本标准适用于我厂研制生产的符合国家有关标准的收、录音机。

3．　引用标准及文件

SJ/T 11179—1998《收、录音机质量检验规则》

GB/T 2846—1988《调幅广播收音机测量方法》

SJ 3258—1989《普及级小型录音机和运带机构总技术条件》

GB/T 9384—1997《广播收音机、广播电视接收机、磁带录音机、声频功率放大器（扩音机）的环境试验要求和试验方法》

GB/T 9374—1988《声音广播接收机基本参数》

GB/T 12165—1998《盒式磁带录音机可靠性要求和试验方法》

GB/T 2019—1987《磁带录音机基本参数和技术要求》

GB/T 2018—1987《磁带录音机测量方法》

GB/T 2829—1987《周期检查计数抽样程序及抽样表》

GB/T 2828—2003《逐批检查计数抽样程序及抽样表》

GB/T 6163—1985《调频广播接收机测量方法》

4．检验样本的抽取

4.1 从提交审核批中随机抽取。抽取应采取使被审核批中的所有单位产品被抽取的机会均等的任何方法。

4.2 样本大小的确定。按GB/T 2828—2003“一次正常检查抽样方案”的一般检查水平进行开箱检查，按GB/T 2828—2003“二次正常检查抽样方案”的特殊检查水平“S—1”进行常温电性能测试。

开箱、常温电性能检查的样机数量如下表所示。

抽样表

批 量 范 围	样 机 数 量	常 测 数 量
91～150	20	2
150～280	32	2
280～500	50	2

5.　缺陷分级与评分

5.1 产品质量的缺陷分级

产品质量的缺陷按GB/T 2828—2003《逐批检查计数抽样程序及抽样表》和GB/T 2829—1987《周期检查计数抽样程序及抽样表》划分为A，B，C，D四个等级。

A级——致命缺陷；

B级——重缺陷；

C级——轻缺陷；

D级——微缺陷。

续表

XXX 收、录音机生产企业		文件编号：Z/ZJJY201.1-2013	
QA 规范　　整机检验	版本号：A	页码：XX	编制：XXX

5.2 产品质量缺陷标准划分
A 级——100 单位缺陷分；
B 级——50 单位缺陷分；
C 级——10 单位缺陷分；
D 级——1 单位缺陷分。
注：出现一个 A 级缺陷打 100 单位缺陷分，1 个 B 级缺陷打 50 单位缺陷分，其余类推。
6. 检测内容及技术要求
6.1 调幅部分测试项目及要求
6.1.1 按 GB/T 9374—1988 有关项目及要求测试；
6.1.2 按本产品标准中规定的指标测试。
6.2 调幅部分测试方法
调幅部分的测试按 GB/T 2846—1988 进行。
6.3 调频部分测试项目及要求
6.3.1 按 GB/T 9374—1988 有关项目及要求测试；
6.3.2 按产品标准中规定的指标测试。
6.4 调频部分测试方法
调频部分的测试按 GB/T 9374—1988 进行。
6.5 录音部分测试项目及要求
6.5.1 按 GB/T 2019—1987 有关项目及要求测试；
6.5.2 按产品标准中规定的指标测试。
6.6 录音部分测试方法
录音部分的测试按 GB/T 2018—1987 进行。
6.7 收音机相关部分测试项目及检查方法
按 SJ/T 11179—1998 有关项目及方法进行测试。
6.8 常温主要性能缺陷判据
按 SJ/T 11179—1998 相关部分进行。
7. 质量记录
7.1 做好《收、录音机常温电性能测试规范质量记录》。

2.5　遵守检验规范，培养严谨作风

2.5.1　严格执行检验工艺

检验工艺规程是硬性规定，从事检验的每一个人都必须严格遵守，不得任意改变。即使在某一工艺规程试行中遇到确实需要更改规程的情况，也要经过一定的审批手续，经认可后

才能审慎修正。例如，随着科学技术的进步、生产条件的改变或生产数量的变化，为了提高产品质量和生产效率，降低产品成本，可由工艺设计部门重新制定检验工艺规程。

2.5.2 培养严谨的工作作风

产品的质量检验工作是企业全面质量管理的重要组成部分，渗透到了每一个生产环节中。在检验过程中，要养成严谨的工作作风，培养规范操作意识，严格按工艺要求进行检验，客观真实地记录检验结果，认真填写检验记录，出具真正反映产品质量的检验报告，培养严肃认真、实事求是和按规章办事的工作作风。每经过一段时间，应将检验工艺规程的执行情况进行反馈。反馈不仅是为了更好地执行，而且是为规程的发展和改进提供信息。也只有这样，检验工作才能从原来的“事后把关”转到“事先预防”，把不合格产品消灭在它的形成过程中。

为帮助大家理解检验任务，培养标准和规范意识，本书第 6 章的检验实训部分将模拟企业产品检验过程，参考企业检验工艺手册，以检验实训程序文件及作业指导书的形式指导检验实训活动的开展。

本章小结

本章通过典型电子产品检验工艺规范案例，介绍了电子产品检验工艺基本知识。

在工业生产中，将各种原材料和半成品加工成产品的方法和过程，称为工艺。将实现工艺过程的程序、内容、方法、工具、设备、材料以及每一个环节应该遵守的技术规程，用文字表示的形式，称为工艺文件。

检验工艺文件属于质量体系程序文件，它是产品质量手册的支持性文件，包含了检验活动全部要素的要求和规定。检验工艺文件一般包括质量检验计划、检验流程图、检验手册、检验规程等内容。

电子产品的检验工艺一般包括：进货检验规范、过程检验规范、最终检验规范和出货检验规范。最终检验也称成品检验或整机检验，其检验类型一般分为三种，即交收试验、定型试验和例行试验。

在检验过程中，要养成严谨的工作作风，培养规范操作意识，严格按工艺要求进行检验。

习题 7

1. 电子产品检验工艺和检验工艺文件在检验工作中有什么重要意义？
2. 什么是质量检验计划？为什么要编制质量检验计划？它一般包括哪些内容？

3．检验规程一般应包含哪些内容？举例说明。

4．电子行业来料检验规范一般包括哪些内容？举例说明。

5．电子行业过程检验规范一般包括哪些内容？举例说明。

6．电子行业最终检验规范一般包括哪些内容？举例说明。

7．谈谈做好检验岗位的工作应具备哪些技能。

第 3 章

产品的技术条件标准和测量方法

3.1 概述

3.1.1 检验标准简介

电子产品整机质量的优劣，是由其各项性能指标来衡量的。产品性能指标的测试是整机检验的主要内容。通过检验可以考查产品是否符合国家或企业的技术要求。每种电子产品的基本参数和技术要求、测量方法都有相应的标准（国家标准、行业标准或企业标准）。

电子产品检验工艺是产品工艺文件的重要组成部分，是检验工作的依据和指导。而检验工艺编制的基础之一，就是产品标准。产品标准通常包括对产品的定义、要求、检验及试验方法、标志、包装等。产品的技术条件也是对产品性能、功能等方面进行规定的一种方式，它在内容方面可以等同于产品标准，也可以只对关键要求做出规定，在形式上比产品标准灵活一些。

考虑到一定的通用性和学校实训条件，本章内容仅局限于简单和典型的电性能检测，选择检验对象为收、录音机主要电性能指标测试。

收、录音机调幅收音部分的性能指标项目很多，大致可分为灵敏度、抗干扰、保真度、立体声及其他性能等几大类和多个项目。整机测试一般对其主要指标，如噪限灵敏度、单信号选择性、中频频率、频率特性、频率范围、最大有用功率、镜像抑制、失真度等，进行测量。

磁带性能主要分为机械性能和电声性能两大类，总共 21 项。整机测试一般只对其主要性能指标，如带速误差、抖晃率、信噪比、频响及谐波失真等进行测量。

依据的相关国家和行业标准有：

SJ/T 11179—1998《收、录音机质量检验规则》;

GB/T 9374—1988《声音广播接收机基本参数》;

GB/T 2846—1988《调幅广播收音机测量方法》;

GB/T 2019—1987《磁带录音机基本参数和技术要求》;

GB/T 2018—1987《磁带录音机测量方法》;

GB 8898—1997《电网电源供电的家用和类似一般用途的电子及有关设备的安全要

求》;

GB/T 9384—1997《广播收音机、广播电视接收机、磁带录音机、声频功率放大器（扩音机）的环境试验要求和试验方法》。

对企业而言，其电子产品检验所依据的标准有的是国家（或行业）标准，有的则是依据国家（或行业）标准而制定的企业标准。企业标准严格按国家（或行业）标准制定，技术要求上严于国家（或行业）标准。

作为检验实训教学中的技术标准和检验实习工艺文件的依据，本章根据以上国家标准，介绍收、录音机主要性能指标的测量方法和技术条件标准，目的是帮助大家理解和掌握典型电子产品性能指标的技术条件和测量方法，了解检测方案和步骤，培养规范操作意识。

3.1.2　调幅收、录音机基本组成和原理

为便于理解产品的技术条件和测量方法，本节简单介绍调幅收、录音机的基本组成和工作原理。

1. 调幅收音机基本组成和原理

收音机可分为直接放大式和超外差式两种。直接放大式是对由天线接收来的高频信号直接进行选择和放大，经检波器解调后的音频信号经过音频放大器送至扬声器。直接放大式收音机电路简单，成本低，但其放大和选择信号的能力以及低频端灵敏度不够理想。为了保证收音机有足够的灵敏度和选择性，现代收音机，不管是调幅接收还是调频接收，几乎都采用了超外差原理。所谓超外差是指把高频载波信号变换成固定中频信号的过程。

超外差式调幅收音机的电路包括：输入回路、变频（本振和混频）、中放、检波、低频放大、功率放大。其工作原理是：从天线感应得到的电台载波调幅信号，经输入调谐回路的选择（有的再经过高频放大）进入变频器。变频器中的本机振荡频率信号与接收到的电台载波频率在变频器内经过混频作用，得到一个与接收信号调制规律一致，但又固定不变的较低载频的调幅信号，这个载频称为中频（在我国规定为 465kHz）。经中频放大后得到的中频信号仍是调幅信号，必须用检波器把原音频调制信号解调出来，再经低频（音频）电压放大器、功率放大器放大后送到扬声器发出声音。调幅收音机工作原理框图如图 3.1 所示。

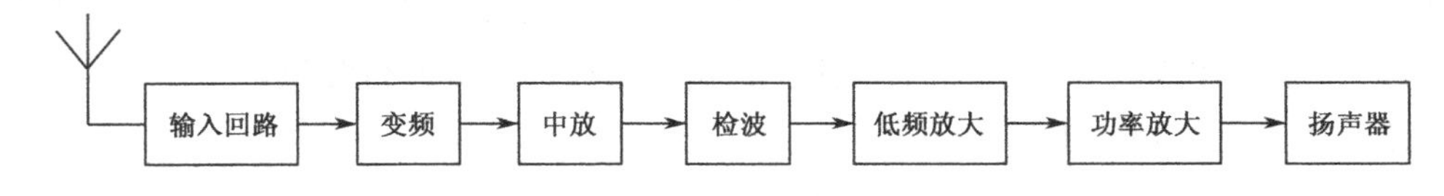

图 3.1　调幅收音机工作原理框图

2. 磁带录音机基本组成和原理

磁带录音机的录音原理是把声音信号转换为电信号，再通过电磁转换变为磁信号，记录在磁带上。放音原理是将磁信号通过电磁转换和电声转换还原为声音信号。

磁带录音机原理框图如图 3.2 所示。虽然录音放大器和放音放大器的输入、输出都是音

频信号，但是由于录音头的电磁转换特性的影响，这两种放大器不能像收音机那样采用频率特性曲线平直的音频放大器，而必须对频率特性进行补偿，即频率补偿。

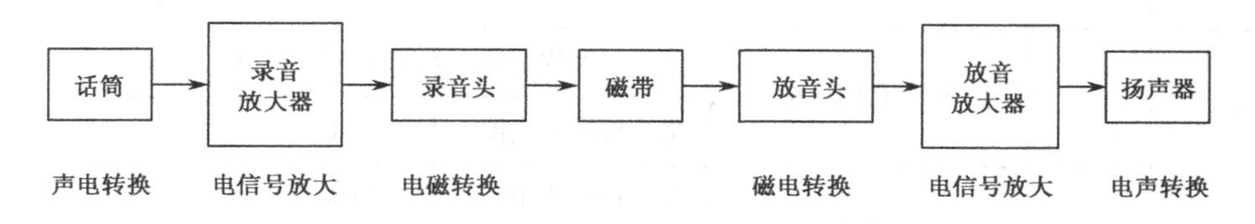

图 3.2　磁带录音机原理框图

3.2　收、录音机质量检验规则

本检验规则修改依据 SJ/T 11179—1998《收、录音机质量检验规则》。

1. 范围

本标准是收、录音机质量检验的依据，亦是制定收、录音机标准的依据。

2. 检验规则

本标准规定了定型检验、交收检验和例行检验三种类别检验的检验项目、抽样方案、样品的抽取、检验程序、合格和不合格判定以及检验结果的处理。

考虑到本书实习部分涉及的检验内容，这里给出收、录音机调幅和录音部分的主要性能参数检验不合格内容的分类规定，如表 3.1 所示。

表 3.1　收、录音机调幅和录音部分的主要性能参数检验不合格内容的分类规定

序　号	不合格内容				不合格分类	
					A	B
1	调幅部分	频率范围	中波	窄于 531kHz～1602kHz	○	—
				531kHz～1602kHz	—	○
			短波	劣于标准规定值，大于 0.1MHz	○	—
				劣于标准规定值，不大于 0.1MHz	—	○
2	调幅部分	噪限灵敏度		劣于标准规定值，大于 10%	○	—
				劣于标准规定值，不大于 10%	—	○
3		信噪比		劣于标准规定值，大于 10%	○	—
				劣于标准规定值，不大于 10%	—	○
4		整机电压谐波失真		劣于标准规定值，大于 10%	○	—
				劣于标准规定值，不大于 10%	—	○

续表

序　号	不合格内容			不合格分类	
				A	B
5		最大有用功率	劣于标准规定值，大于 10%	○	—
			劣于标准规定值，不大于 10%	—	○
6	录、放音部分	带速误差	劣于标准规定值，大于 10%	○	—
			劣于标准规定值，不大于 10%	—	○
7		抖晃率	劣于标准规定值，大于 10%	○	—
			劣于标准规定值，不大于 10%	—	○
8		全通道频响	劣于标准规定值，大于 10%	○	—
			劣于标准规定值，不大于 10%	—	○
9		全通道失真	劣于标准规定值，大于 10%	○	—
			劣于标准规定值，不大于 10%	—	○
10		全通道信噪比	劣于标准规定值，大于 10%	○	—
			劣于标准规定值，不大于 10%	—	○

注：“○”表示“是”，“—”表示“非”。

3.3　收音机的技术条件和测量方法

3.3.1　收音机基本参数和技术要求

本标准修改依据 GB/T 9374—1988《声音广播接收机基本参数》。

1．适用范围

本标准规定了收音机的基本参数、技术要求及相应的测量条件。

2．收音机的基本参数

（1）接收频率范围

接收频率范围也称频率覆盖范围，是指收音机所能接收的电台信号的频率范围，用千赫兹或兆赫兹来表示。一个波段就是一个频率范围。

（2）信噪比

信噪比是指在一定的输入信号电平下，输出端的信号电压与噪声电压之比。

（3）灵敏度

灵敏度是指在规定的音频输出信噪比下，产生标准输出功率所需要的最小输入信号电平。根据测量方法不同，灵敏度可分为有限噪声灵敏度、实用灵敏度等。灵敏度越高，需要的信号电平越低，接收远处电台信号的能力就越强。

（4）单信号选择性

选择性表示接收机从天线接收到的各种复杂电信号中选出有用信号而抑制其他干扰信号的能力。如果在收听一个广播电台节目时，同时听到另一个电台的信号，就表明该接收机的选择性较差。

选择性的表示方法：在接收机输出标称输出功率的条件下，选择性是偏调的干扰输入电平与调谐信号输入电平之比，用分贝表示。在满足频带宽度的前提下，分贝数越大，表示选择性越好。为了明确选择性的概念，现将其统一称为单信号选择性。

（5）中频抑制

这是外差式收音机特有的参数。它表示接收机对中频频率附近信号的抑制能力，也表示接收机的抗干扰能力。影响该参数的主要是输入回路的选择性。

（6）镜像抑制

这是外差式收音机特有的参数。它表示接收机对镜像频率附近信号的抑制能力，也表示接收机的抗干扰能力。影响该参数的主要是输入回路的选择性。

（7）整机电压谐波失真

收音机电路的各个环节都有非线性，包括高频部分产生的非线性、自动增益控制（AGC）造成的非线性、功率放大器产生的非线性以及扬声器产生的非线性。它们使收音机收听到的声音同原始声音有差别，这就是失真。

对于非线性电路，当输入纯正的正弦波信号时，在输出端除了基波信号以外，还有输入信号的各次谐波。谐波失真系数为

$$K=\frac{\sqrt{A_2^2+A_3^2+A_4^2+\dots}}{\sqrt{A_1^2+A_2^2+A_3^2+\dots}}$$

其中 A_1，A_2，A_3 等为信号的基波、二次谐波、三次谐波等的有效值。可以看出，谐波失真系数是所有高次谐波分量的均方值与输出信号有效值之比。通常失真系数直接由失真度仪读出。

（8）最大有用功率

输出功率是指收音机输出的音频信号的大小，通常以瓦（W）为单位。输出功率和失真有密切关系，同样一台收音机，输出功率越大时，失真也越大。因此，输出功率分为最大有用功率和标称输出功率等。

最大有用功率指收音机整机电压谐波失真为 10%时的输出功率。

3．基本参数的技术要求

本次实习涉及的调幅收音机基本参数和技术要求如表 3.2 所示。

表 3.2 调幅收音机基本参数和技术要求

序号	基本参数	计量单位	极限指标和要求			测量条件		备注
			A类	B类	C类			
1	频率范围 中波 短波	 kHz MHz	 526.5 ~ 1606.5 2.3 ~ 26.1			测量频率：在频率范围极限位置 调幅度：30% 输入电平：实测噪限灵敏度	调谐方法：输出最大 输出功率：不大于额定输出功率	短波波段划分及其频率范围可在产品标准中规定
2	噪限灵敏度 磁性或框形天线 外接或拉杆天线	 mV/m μV	 1.5 100	 3.0 300	 6.0 600	测量频率：优选测量频率点 调幅度：30% 信噪比：25dB（A 计权）	调谐方法：输出最大 输出功率：标准输出功率 音调：高低音衰减位置	1. 磁性天线长度≤55mm，C类机，信噪比为20dB 2. 短波测量频率可在产品标准中规定
3	信噪比	dB	46	40	34	测量频率：1000kHz 调幅度：80% 输入电平：10mV/m 或 1mV	调谐方法：输出最大 输出功率：额定输出功率 音调：平直位置	磁性天线长度≤55mm 的 C 类机要求 30dB
4	单信号选择性	dB	30	16	10	测量频率：1000kHz 偏调：±9kHz 调幅度：30% 输入电平：实测噪限灵敏度	调谐方法：14dB 谷点法 输出功率：标准输出功率 音调：高低音衰减位置	1. 无争议时亦可用其他调谐方法 2. 两个中频单调谐回路的 C 类机要求 6dB
5	最大有用功率	W	产品标准规定			测量频率：1000kHz 调幅度：30% 输入电平：10mV/m 或 1mV	调谐方法：14dB 谷点法 谐波失真：10% 音调：平直位置	若音量电位器在最大位置仍达不到失真 10%，可继续加大调幅度
6	整机谐波失真电压	%	7	10	15	测量频率：1000kHz 调制频率：所选定音频范围内 1 倍频程优选测量频率及两端极限频率 调幅度：80% 输入电平：10mV/m 或 1mV	调谐方法：14dB 谷点法 谐波失真：10% 音调：平直位置	若音量电位器在最大位置仍达不到失真 10%，可继续加大调幅度

4. 标准测量条件

（1）正常气候条件

环境温度：15 ~ 35℃，优选 20℃；相对湿度：25% ~ 85%；气压：86 ~ 106kPa。

（2）电源

接收机使用收音机额定电源电压的交（或直）流电源。测量中允许交流电源电压变化为额定值的±3%，允许直流电源电压变化为额定值的±5%。

（3）预处理

为了确保测量时收音机的特性不随时间明显变化，要求收音机在测量之前，工作于正常气候条件及电源下的时间至少为 10min，最好为 1h。

（4）测量房间要求

测量时若有外界干扰存在，输入弱信号的测量项目一般应在屏蔽室内进行。屏蔽室对于干扰电平的衰减应大于 60dB。当干扰电平低于测量信号电平 20dB 以下时，测量可在不加屏蔽的室内进行。

5. 测量仪器

① 对测量指示仪表精度的要求为 1.5 级。

② 规定的仪器主要有高频信号发生器、音频信号发生器、失真度仪和示波器等测量仪器。根据测量的目的及收音机的类别，选用符合要求的仪表和仪器，其准确度或测量误差不得超出规定范围。

③ 用于噪声或信噪比测量的滤波器要求为：400Hz 低通滤波器通带外 1/3 倍频程 500Hz 处的衰减大于 15dB，1 倍频程 800Hz 处的衰减大于 40dB，通带内波动不超过 ± 0.5dB。

3.3.2 调幅广播收音机测量方法

本标准修改依据 GB/T 2846—1988《调幅广播收音机测量方法》。

1. 适用范围

本标准适用于收音机进行电声性能测量的标准测量方法。

2. 名词术语

（1）标准模拟天线

测量中使用的信号源（高频信号发生器）的额定内阻明确规定是电阻性的，但天线的源阻抗值变动范围很大，它们既不是呈阻性的，也不是与频率有关的，因而经常需要在信号源和收音机的输入端之间接插一个模拟天线网络，此网络使信号源与收音机正确地配接，使收音机有一个与实际天线阻抗线相似的源阻抗，并使高频信号源有良好的匹配。为了表示输入信号的有效功率和等效电动势的值，应将模拟天线网络看做收音机的一部分。

（2）标准负载

测量电性能时，应用阻值等于扬声器标称阻抗的纯电阻代替扬声器做负载，其允许误差为 ± 5%。测量声性能时，加到扬声器上的功率应按扬声器标称阻抗计算相应的电压值。

（3）额定值

额定值表示制造厂所规定的值，并不是测量值。它是制造厂综合收音机的多次抽样测量和理论容限计算所确定的值，包括额定条件、特性的额定值、相关性、配接值等几方面。

（4）标准调制频率

这是优选调制频率和标准调制频率的规定。标准调制频率规定为1000Hz。

（5）标准调制度

标准调制度规定为30%。

（6）标准测量频率

这是优选测量频率和标准测量频率的规定。标准测量频率规定为1000kHz。

（7）标准输入信号电平

用外接天线测量的标准输入信号电平为1mV，用磁性天线或框形天线测量的标准输入信号电平为1mV/m。

（8）标准输出功率

接收机的输出功率用加到扬声器上的功率来表示，或者用标准负载上所消耗的功率来表示。根据接收机的类别，一般可用 5mW，10mW，50mW，500mW 作为标准输出功率。其中 50mW 为优选值。对于更大功率的接收机，可用比额定功率低 10dB 的功率作为标准输出功率。

3. 主要参数（部分）测量方法

（1）频率范围

调幅收音机频率范围测量连线示意图如图3.3所示。中波接收天线与环形天线相距60cm。

测量方法：

① 在收音机达到温度稳定状态后，将收音机调谐指针调到波段的起止（高端或低端）极端位置上。

② 高频信号发生器经环形天线将信号输入收音机的磁性天线中，输入频率为1000Hz、调制度为30%的高频信号。

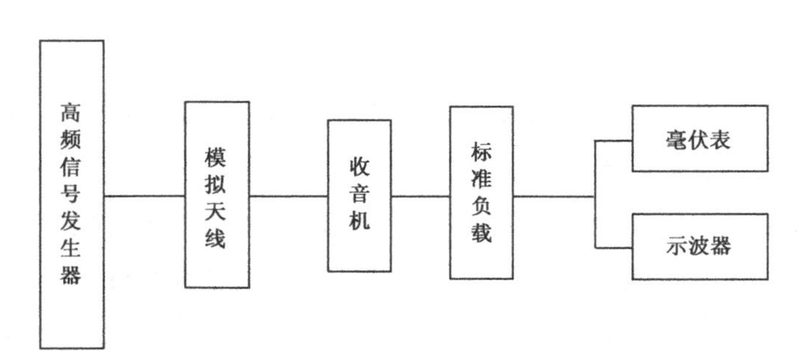

图3.3　调幅收音机频率范围测量连线示意图

③ 调节高频信号发生器的频率，使信号发生器与收音机调谐的频率相吻合。具体方法

是调整信号发生器的输出，使得收音机的输入信号电平比较小，当信号发生器的频率与收音机调谐的频率吻合时，示波器上的波形清晰可见。

④ 同时调节收音机的音量控制器，使收音机的输出功率不大于额定输出功率。

⑤ 调节高频信号发生器，当毫伏表上反映的收音机的输出为最大时，信号发生器输出频率就是该波段频率范围的起止点（高端或低端）。

（2）信噪比

信噪比测量连线示意图如图 3.4 所示。中波接收天线与环形天线相距 60cm。

测量方法：

① 收音机置于标准条件下，音调控制器在平直位置，宽带控制在宽带位置。

② 调节高频信号发生器，输入信号电平为 10mV/m，输入信号频率为标准测量频率 1000kHz，调制度为 80%，调制频率为 1000Hz。

③ 将开关 S 打向 2，先用较低输入信号电平，按音频输出最大调谐法调谐，然后增大输出信号电平到规定值，调节音量控制器使收音机输出为额定输出功率，记录此时电压表的读数。

④ 将高频信号发生器去调制（输出未调制），将开关 S 打向 1，测量收音机的噪声输出电压，记录此时的电压表读数。输出额定输出功率时相应的电压与去调制时的噪声电压之比，即为信噪比。

（3）噪限灵敏度

噪限灵敏度的测试连接如图 3.4 所示。中波接收天线与环形天线相距 60cm。

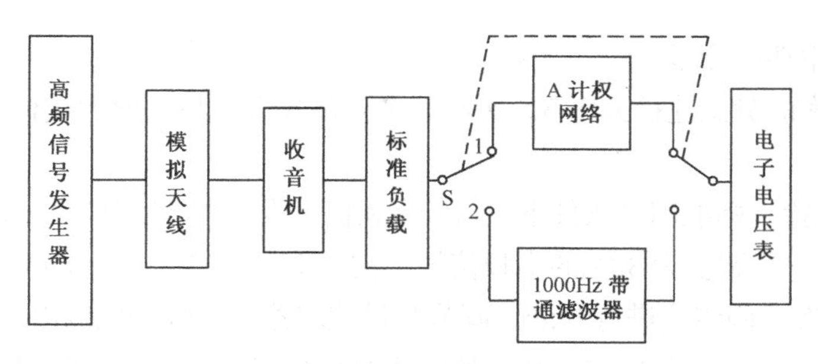

图 3.4　信噪比测量连线示意图

测量方法：

① 收音机置于标准条件下，音调控制器在平直位置，宽带控制在宽带位置。

② 调节高频信号发生器，输入信号电平为 10mV/m，输入信号频率为标准测量频率 1000kHz，调制度为 80%，调制频率为 1000Hz。

③ 反复调节高频信号发生器的输出电平和收音机音量控制器位置，使收音机的信噪比为 26dB，输出为标准输出功率。

具体做法是先调节收音机音量控制器位置，使输出为标准输出功率；再将信号去调制，观测信噪比，反复调节高频信号发生器的输出电平，同时调节收音机音量控制器的位置（保证输出为标准输出功率），使收音机的信噪比为 26dB。

④ 记录此时高频信号发生器的输出电平，即为收音机的噪限灵敏度。

⑤ 调节高频信号发生器，使输入信号频率分别为 630kHz 和 1.4MHz，用步骤④ 的方法，测量收音机在这两个频率点的噪限灵敏度。

（4）整机电压谐波失真测量

整机电压谐波失真测量连线示意图如图 3.5 所示。中波接收天线与环形天线相距 60cm。

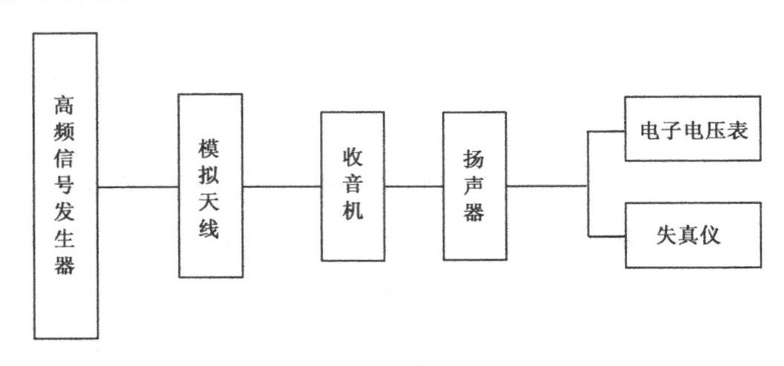

图 3.5　整机电压谐波失真测量连线示意图

测量方法：

① 将收音机置于标准测量条件下，调节高频信号发生器，使其输出频率为 1000kHz、调制频率为 1000Hz、调制度为 80%的高频信号，输入信号电平为 10mV/m。

② 按 14dB 谷点调谐法进行调谐，调节音量控制器，使收音机输出标准输出功率。

③ 测量整机电压谐波失真度，读出此时失真度仪的读数。失真度仪的读数即为整机电压谐波失真值。

（5）最大有用功率测量

最大有用功率的测试连接如图 3.5 所示。中波接收天线与环形天线相距 60cm。

测量方法：

① 将收音机置于标准测试条件下，调节高频信号发生器，使其输出频率为 1000kHz、调制频率为 1000Hz、调制度为 30%的高频信号，输入信号电平为 10mV/m。

② 按 14dB 谷点调谐法进行调谐，调节音量控制器，使收音机输出标准输出功率。

③ 调节音量控制器增加输出功率，监测失真仪的指示，当电压谐波失真为 10%时的输出功率即为最大有用功率。记录此时的电压表读数。若电压表读数为 U，标准负载阻值为 R，则最大有用功率为

$$P=\frac{U^2}{R}$$

式中，P——最大有用功率，单位为 W；

U——电压，单位为 V；

R——电阻，单位为Ω。

3.4　录音机的技术条件和测量方法

3.4.1　录音机的基本参数和技术要求

本标准修改依据 GB/T 2019—1987《磁带录音机基本参数和技术要求》。

1. 适用范围

本标准规定了录音机的基本参数、技术要求及相应的测量条件。

2. 基本参数及技术要求

按机械性能、电性能等，盒式录音机分为 A, B, C 三级，此部分以图表的形式给出每种级别的录音机的具体参数及要求。下面简单介绍其主要参数及技术要求的含义。盒式录音机主要性能指标如表 3.3 所示，盒式 B, C 级机幅频响应允差如图 3.6 所示。

表 3.3　盒式录音机主要性能指标

基本参数					级别			说明
项目				单位	A 级	B 级	C 级	
机械性能	带速	额定值		cm/s	4.76	4.76	4.76	
		允差（不劣于）		%	±1.5	±2.5	±3	
	抖晃率（不劣于）			%	0.2	0.4	0.5	计权峰值
	倒带时间			min	2.0	2.0	2.0	
	机械噪声			dB	35	42	42	A 计权有效值 0dB=2×10^{-5}Pa
电性能	带磁通频响时间常数	t_1		μs	120	120	120	对于铬带、金属带 t_1=70μs
		t_2		μs	3180	3180	3180	
	参考频率（f_0）			Hz	315	315	315	
	参考磁平			nWb/m	250	250	250	
	幅频响应	f_1		Hz	40	125	产品技术条件规定	
		f_2		Hz	125	250		
		f_3		Hz	6300	4000		
		f_4		Hz	12500	8000		
		全通道允差		dB	参见图略	参见图 3.6	参见图 3.6	
	信噪比（不劣于）	放音通道	双迹	dB		43	36	
			四迹	dB	55	40	33	
		全通道	双迹	dB		40	31	
			四迹	dB	52	37	28	
	谐波失真	放音通道	电压	%	1.0			
		全通道	电压		3	5	7	
			功率		5	8	10	
	通道隔离（不小于）			dB	26	26	22	
	消音效果（不大于）			dB	65	50	40	

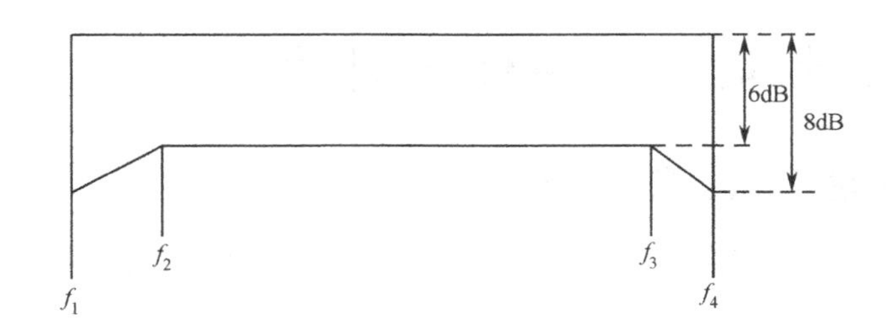

图 3.6　盒式 B,C 级机幅频响应允差

（1）带速误差

带速误差表示录音机实际带速（一段时间内平均带速）相对额定带速（标准带速）的偏差，以百分数表示。

带速是影响录音节目交换的一项重要指标。一盘以标准带速录制了节目的磁带，如果在实际带速较慢的录音机上重放，节目的音调将变低；反之，音调将升高。本标准规定带速误差最低要求为≤±3%。

（2）抖晃率

所谓抖晃是指磁带瞬时波动，即带速不稳，走带忽快忽慢，致使放音时音调发生瞬时变化，听起来感觉声音在颤抖，混浊不清。当走带机械运转时，由于传动机构配合精度不够，以及运行中因张力、摩擦、振动，尤其是主导轴不同心等原因而引起磁带运行速度变化，使录音信号产生寄生调频现象，放音时音调就会变化。磁带不规则运动引起记录信号的寄生调频现象称为抖晃。

寄生调频的频偏对记录信号频率的百分比称为抖晃率。抖晃率是录音机的重要性能指标，形式上它虽然是机械性能，但实质上对整机电声影响极大。抖晃本身就是一种调制噪声和调制失真。在录音时，如果抖晃严重，无论电路性能如何好，也会把这种调制噪声和调制失真记录在磁带上。而放音时，听起来就会感到声音颤抖，混浊不清，使放音质量严重下降。本标准规定录音机抖晃率最低要求为≤±0.5%（计权峰值）。

（3）信噪比

信噪比分为全通道信噪比和放音通道信噪比。

全通道信噪比是指音频信号通过录音机录音和放音全过程后，输出信号电平和噪声电平之比（分贝值）。信噪比越大，录音机放音时噪声越小。本标准规定盒式录音机全通道信噪比最低要求为 28～31dB，A 级可达 52dB 以上。

（4）谐波失真

谐波失真分为放音通道失真和全通道失真，常用电压失真度或功率失真度来衡量。失真度是用来衡量信号波形经过录音机录音和放音全过程后畸变的程度的。要求 A 级机的全通道非线性电压失真度不大于 3%，B 级机不大于 5%，C 级机不大于 7%。

（5）频率响应

频率响应又称幅频响应、幅频特性。音频信号频率是 20Hz～20kHz，没有必要把每个频率的音频信号都经过录放全过程来观察被测录音机的频响。通常取参考频率为 315Hz，参考磁平为 250nWb/m（纳韦伯/米），测量时取四个频率。例如对 A 级机，测量时取的四个频率点为 40Hz，125Hz，6300Hz，12 500Hz；B 级机为 125Hz，250Hz，4000Hz，8000Hz。测量这四个频率在录放过程中相对于参考频率 315Hz 参考电平差的分贝值，称为幅频响应。录音机等级越高，幅频响应允差越小，频带宽度越大，录放过程中高低音越丰富，音质越好。

3．测量条件

（1）测量环境条件

温度：15 ~ 35℃；相对湿度：45% ~ 75%；气压：86 ~ 106kPa。

（2）电源电压允差

交流电源电压允差：±3%；直流电源电压允差：±4%；纹波电压不大于 10mV（峰-峰值）。

（3）其他测量条件

测量电性能时，应以纯电阻假负载代替扬声器。

4．测量设备的技术要求

测量设备的技术要求规定了测试用设备及对每一种测量设备的具体技术要求。

测试设备有：音频信号发生器、电子毫伏表、失真度仪、示波器、数字频率计、带通滤波器、高通滤波器、抖晃仪以及测试带等。

测量时要根据测试项目，严格按规定的性能指标要求选用测试设备。

3.4.2　录音机测量方法

本标准修改依据 GB/T 2018—1987《磁带录音机测量方法》。

1．适用范围

本标准适用于盒式磁带录音机的测试。

2．术语定义

（1）带速误差

它是一段时间内平均带速对额定带速的偏差，以百分数表示。

（2）抖晃

它指磁带不规则运动引起的记录信号寄生调频现象。

（3）抖晃率

它是寄生调频的频偏对记录信号的百分比。

（4）通道

录放电声信号的系统称为通道。

（5）串音

通道 A 中有用信号在其输出端产生的电压 U_A 与通道 A 在通道 B 输出端产生的无用电压

U'_A之比，以 dB 表示，称为串音。

（6）参考磁平

它是录音机进行电声性能测试时选做参考点的磁平，称为 0dB。

（7）参考频率

它是录音机进行电声性能测试时选做参考点的频率。

（8）额定放音状态

放测试参考磁平部分，调节放音放大器，使输出达额定值，这时称放音放大器处于额定放音状态。

（9）额定录音状态

对录音放大器输入参考频率的额定电平信号，调节录音放大器，使基准带上记录信号达参考磁平，这时称录音放大器处于额定录音状态。

（10）额定输出电平

本标准规定的线路输出电平及生产厂按所用的扬声器规定的扬声器输出端电平，统称为额定输出电平。

3. 主要参数（部分）测量方法

（1）带速误差

带速误差测量框图如图 3.7 所示。

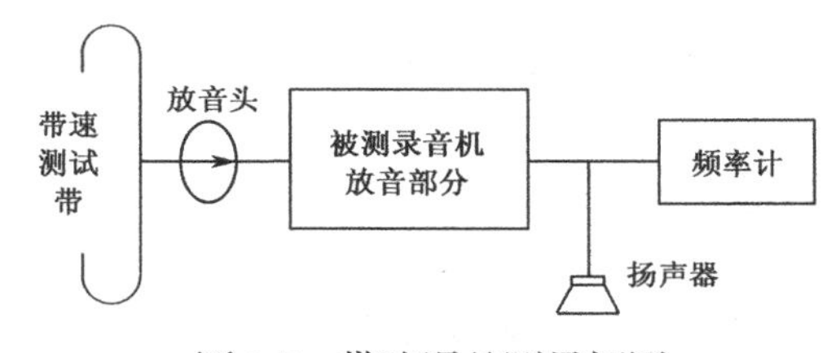

图 3.7　带速误差测量框图

测量方法：

在被测录音机上放带速测试带，数字频率计闸门时间应取 10s，在测试带带头用数字频率计测量放音输出信号频率，记录数据 f_1。用同样方法，在测试带带尾用数字频率计测量放音输出信号频率，记录数据 f_2，则

$$带速误差=\frac{f_2-f_1}{f_1}\times100\%$$

式中，f_1——测试带标准频率，单位为 Hz；

f_2——测试带放音频率（即测量频率值，取两次测量的较差值），单位为 Hz。

（2）抖晃率

抖晃率测量框图如图 3.8 所示。

测量方法：

将抖晃测试带放在被测录音机上放音，输出接至抖晃仪。分别在测试带带头、带尾两处进行放音，直接从抖晃仪上读出抖晃率，取较差值。

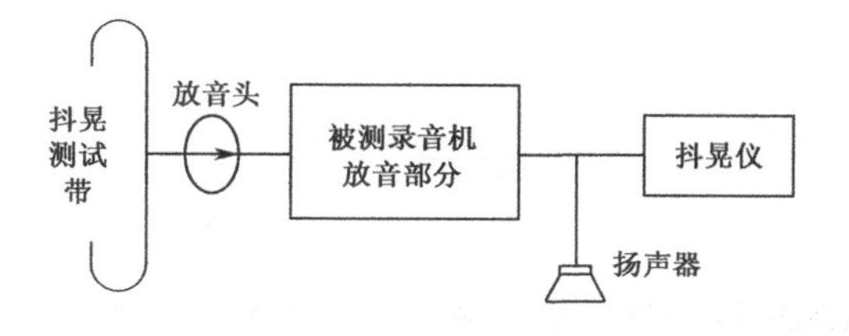

图 3.8　抖晃率测量框图

（3）全通道信噪比

空白磁带经录音机录音后再放音，此时输出音频信号电平与噪声电平之差称为全通道信噪比，其分贝数越高，录音机录放时噪声就越小。

（4）全通道谐波失真

将被测录音机音量调到最大。音频信号发生器通过线路输入端口输入信号到录音机，信号频率为 1kHz，电平为 0dB。先在被测录音机上录音 5min，然后重放这段录音，通过失真仪读出录音机输出信号的失真，用百分数表示，即为全通道谐波失真。

（5）串音

对左通道进行录音，右通道保持不录状态，测出左通道的放音输出与右通道的串音输出电平之差。

（6）全通道频率响应

空白磁带经录音机录音后再放音，并测各频率的输出电平。

本章小结

本章依据相关国家标准、行业标准规定，介绍了两种电子整机产品的技术条件和测量方法，它是检验实习中检验工艺文件制定的依据，也是检验实习教学中的技术标准。

检验工艺编制的基础之一，就是产品标准。产品标准通常包括对产品的定义、要求、检验及试验方法、标志、包装等。产品的技术条件也是对产品性能、功能等方面进行规定的一种方式，在内容方面可以等同于产品标准，也可以只对关键要求做出规定。

用电子测量技术检测电子产品电性能是电子产品检验的一个重要部分。测量时，要特别注意测量条件和对测量设备的技术要求。

收、录音机质量检验规则可参考 SJ/T 11179—1998《收、录音机质量检验规则》。

调幅广播收音机的测量可以参考国家标准 GB/T 2846—1988《调幅广播收音机测量方法》。

磁带录音机的测量可以参考国家标准 GB/T 2018—1987《磁带录音机测量方法》。

习题 7

1. 结合调幅收、录音机性能指标检验，说明其测量方法和技术条件标准的含义。
2. 调幅收、录音机性能指标检验所依据的相关标准有哪些？检验中如何引用？
3. 调幅收、录音机调幅收音部分的主要性能指标有哪几个？含义分别是什么？标准规定其技术要求是什么？
4. 调幅收、录音机录放部分的主要性能指标有哪几个？含义分别是什么？标准规定其技术要求是什么？
5. 调幅收、录音机性能指标测试时的标准测量条件包括哪些内容？

第 4 章

检测仪器使用规范

4.1 检测仪器使用要求

电子产品检验离不开检测仪器。检测仪器总体上分为专用和通用两种。专用仪器为一个或几个产品设计，可检测该产品的一项或多项参数，如测量滤波器、测试带等；通用仪器为一项或多项电参数的测试而设计，可检测多种产品的电参数或为多种产品提供激励源，如示波器、信号发生器等。

检验仪器和设备直接影响测量结果的准确性和有效性，进而影响检验工作的质量。检验仪器使用规范（也即操作规程）作为使用和操作检测仪器的规范性指导文件，是对检验仪器使用操作进行有效控制的技术性文件，它通常以仪器操作规程的形式给出，主要用以阐明检验仪器使用方面的要求。

4.1.1 对检测仪器及其组成的要求

一般通用电子测量仪器，都只具有一种或几种功能，要完成电子产品某一项性能指标的测试工作，往往需要多台测试仪器及辅助设备、附件等组成一个测试系统。一项测试究竟要由哪些测量仪器和设备组成，都是由国家标准测量方法规定的测试方案来确定的。标准同时明确规定了测量仪器的测量范围、测量精度、输入阻抗等主要性能指标的数值或极限范围。

1. 对检测仪器的要求

检测过程中对检测仪器的要求有以下几点。

① 确保在标准环境条件下所有测试仪器的范围、准确度、分辨率等性能指标符合要求。

② 新仪器首次使用前要对其性能进行检查，以确保符合要求。

③ 测试仪器的准确度应符合规定的校准要求，校准标准应与经国家认可的标准设备相比对。如果没有此标准，则用以校正的根据须书面记录，以备存查。

④ 检测开始前和检测完成后，应对检测仪器的性能是否正常进行检查并做记录。

⑤ 仪器若有损坏或失准，应及时维修和重新校准，以确保测试仪器的准确度和适用性，

并做记录。

⑥ 所有检测仪器应在稳定控制的条件下接受定期检查，并做书面记录，包括仪器型号、校准方法和记录、故障和维修记录、标签标记及使用记录等。

⑦ 检测仪器在搬运和保存过程中必须保证可维持其准确度与适用性。

2．对检测仪器的组成要求

为保证仪器正常工作和具有一定的精度，在现场布置和接线方面需要注意以下几个问题。

① 各种仪器的摆放布置应便于观测。观察波形或读取测试结果（数据）时，视差要小（指示仪表或显示器应与操作者的视线平行），且应使操作者不易疲劳（如指针式仪器不宜放得过高或过低）。

② 仪器的布置应便于操作，即应根据不同仪器面板上可调旋钮的布置情况来安排其位置，使调节方便舒适。

③ 仪器重叠放置时，应注意安全稳定，把体积小、重量轻的放在上面，重叠时应注意不要造成短路。对于功率大、发热量大的仪器，要注意仪器的散热和对周围仪器的影响。

④ 仪器的布置要力求接线最短。对于高增益、弱信号或高频信号的测量，应特别注意不要将被测件的输入与输出接线靠近或交叉，以免引起信号的串扰及寄生振荡。

⑤ 测量仪器的安全措施。测试仪器外壳易接触的部分不应带电，非带电不可时，应加绝缘覆盖层防护。仪器外部超过安全低电压的接线柱及其他端口不应裸露，以防止使用者触摸到。仪器及附件的金属外壳都应良好接地，仪器电压线必须采用三芯的，地线必须与机壳相连，电缆长度应不小于 2m，电源插头外壳应采用橡皮或软塑料绝缘材料。

4.1.2　检测仪器使用规范的基本格式和内容

检测仪器的使用规范即操作规程，一般包括用途、操作步骤、注意事项、维护保养四项内容。仪器使用规范的编写一般依据产品使用说明书及检测规范要求。本章结合检验实习，介绍在典型电子产品整机主要性能指标测试中用到的信号发生器、毫伏表、示波器、失真度测量仪、频率计等几种常用的检测仪器使用规范。为满足学校教学及学生实习的需要，本章均以常用、常见型号的仪器为例进行介绍。

4.2 电子产品检验实训仪器使用规范

4.2.1 函数信号发生器（YB1600 型）的使用规范

1. 用途

在电子电路测量中，函数信号发生器输出低频正弦信号、三角波信号和方波信号作为激励源使用。测量收录机、组合音响设备、电子仪器等装置的低频放大器的频率特性时常用它作为信号源。它主要用来产生频率为 20Hz～20kHz 的正弦波信号（频率更宽的可为 1Hz～1MHz）。

2. 操作步骤

YB1600 型函数信号发生器的面板示意图如图 4.1 所示，其操作步骤如下。

① 检查所用函数信号发生器周期校准合格标记，校准合格后方可使用。

② 接通电源，提前预热。

③ 选择输出频率，根据所使用的频率范围，调节“频率选择”旋钮选择波段，再调节“频率调节”旋钮，观察显示部分，将频率值细调到所需频率。

④ 输出电压调节，可直接调节输出细调，从电压显示上指示。如需小信号，可用输出衰减进行适当衰减，这时的实际输出电压为电压指示值再缩小所选衰减分贝值的倍数。

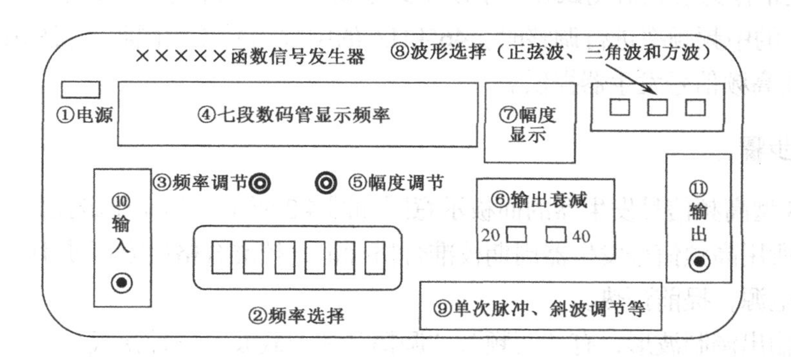

图 4.1　函数信号发生器面板示意图

⑤ 仪器使用完毕后，应关掉电源，整理附件，清点检查后妥善放置。

⑥ 填写质量记录《仪器设备使用管理记录》。

3. 注意事项

① 仪器使用 220V, 50Hz 交流电源。

② 若想达到足够的频率稳定度，须使仪器提前 30min 预热。

③ 开机前输出微调旋钮应置于最小值处，防止开机时因起振幅度超过正常值，打弯表头表针。

4．维护保养

① 平常应保持仪器平稳放置，保持附件完好。注意平时的防尘、防潮。

② 仪器若有损坏，应及时维修。维修后，须进行调整，保证各项参数指标均符合技术要求后才可使用。

③ 仪器在使用过程中，应进行周期校准。校准可根据国家标准和制造商指南进行，合格后方可用于检验或试验。

④ 仪器发生故障时应做相应记录，填写质量记录《仪器设备故障及维修记录》。

4.2.2 高频信号发生器（SG1051S 型）的使用规范

1．用途

高频信号发生器也称射频信号源，它是指能产生正弦信号，信号的频率范围一般在 100kHz～350MHz（更宽可达 30kHz～1GHz），并且具有一种或一种以上调制或组合调制功能（正弦调幅、正弦调频、脉冲调制）的信号发生器。

它能产生等幅、调幅或调频的高频信号，供各种电子线路或设备进行高频性能测量、调整时作为信号源使用，如电子线路的增益测量、非线性失真度测量，以及接收机的灵敏度、选择性等参数的测量。一般的高频信号发生器的载波频率、载波电压和调制特性三项重要参数均可调，通常作为接收机测试和调整以及其他场合的高频信号源使用，如对调幅广播接收机（收音机）的中频频率进行调整时，465kHz 的中频信号（我国收音机的中频频率规定为 465kHz）可由高频信号发生器提供。

2．操作步骤

SG1051S 型高频信号发生器的面板示意图如图 4.2 所示，其操作步骤如下。

① 检查所用高频信号发生器周期校准合格标记，校准合格后方可使用。

② 接通电源，提前预热。

③ 选择输出调制波形，有“调频”、“调幅”和“载波”三种模式。

④ 选择输出频率，根据所使用的频率范围，调节“频率波段选择”旋钮选择波段，再调节“载波频率调节”旋钮，将频率值细调到所需频率。

⑤ 输出电压调节，可选择“高”、“中”和“低”三种输出幅度。

⑥ 仪器使用完毕后，应关掉电源，整理附件，清点检查后妥善放置。

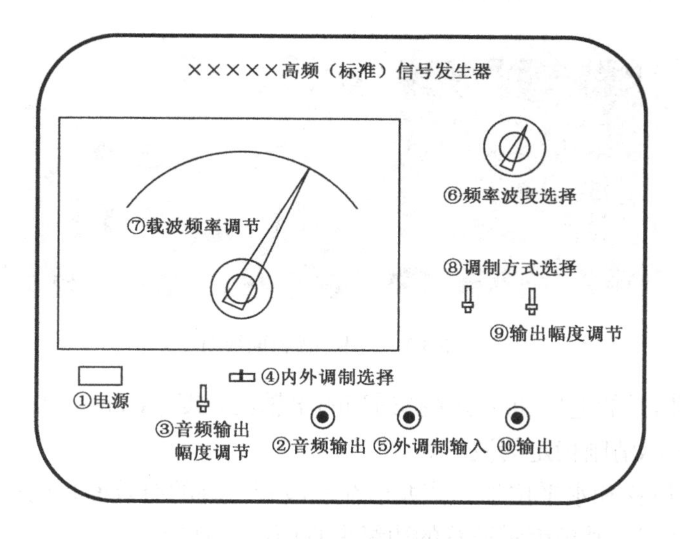

图 4.2　高频信号发生器面板示意图

3．注意事项

① 仪器使用 220V,50Hz 交流电源。
② 若想达到足够的频率稳定度，须使仪器提前 30min 预热。

4．维护保养

同 4.2.1 节中相关内容。

4.2.3　通用示波器使用规范

1．用途

示波器用于观察各种不同电信号幅度随时间变化的波形曲线，具有捕获、显示和分析时域波形的功能，可以测试多种物理量，如电压、电流、频率、周期、相位差、调幅度、脉冲宽度、上升及下降时间等，是无线电技术的基本测试设备。在电子产品主要性能指标测试中，示波器主要用来监测波形。

2．操作步骤

不同型号的通用示波器面板布置略有不同，但所包括的按键和旋钮及其功能基本相同，如图 4.3 所示，其操作步骤如下。

① 检查所用示波器周期校准合格标记，合格方可使用。
② 接通电源，预热几分钟，调节“辉度”和“聚焦”旋钮，使亮度适中，聚焦最佳。
③ 使用仪器内部的探极校准信号，进行使用前的校准。
④ 根据被测信号选择正确的输入耦合方式、触发方式、扫描工作方式和垂直工作方式。

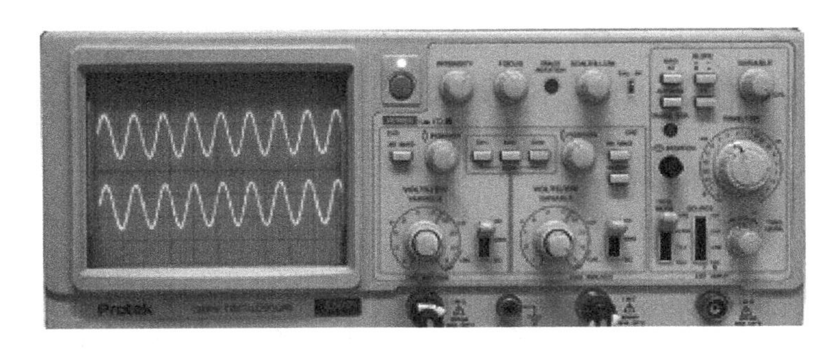

图 4.3　通用示波器面板图

⑤ 根据被测信号的电压和周期选择适当的 Y 轴灵敏度（V/cm）和 X 轴扫描速度（t/cm）。输入被测信号，显示清晰稳定的波形。

⑥ 调节垂直位移和水平位移，使波形在示波管屏幕的有效面积内进行测量，尽量使波形移至屏幕中心区域，避免因示波管的边缘失真而产生测量误差。

⑦ 仪器使用完毕后，应关掉电源，整理附件，清点检查后妥善放置。

⑧ 填写质量记录《仪器设备使用管理记录》。

3．注意事项

① 检查电源应在 220V ± 10%或 110V ± 10%范围内。

② 应使用光点聚焦，不要使用扫描线聚焦。

③ 显示光点的辉度不宜过亮，以免损坏屏幕。

④ 一般示波器给定的允许最大输入电压值是峰-峰值，而不是有效值。使用灵敏度选择开关时，为避免损坏示波器，应选择较低灵敏度挡，再依次增加，调节出大小适中的波形。被测信号电压不应超过示波器的最大输入电压的峰-峰值。

⑤ 示波器与被测电路之间的连线不宜过长，以免引入干扰，一般应使用屏蔽线。测量高频信号时必须使用探极，为获得最佳频率补偿，使用前要校正。

⑥ 在利用示波器做定量测量时，要先用标准信号对“灵敏度”、“倍乘”和“扫描速度”开关进行校准。在测量中，“灵敏度”、“倍乘”和“扫描速度”开关的“微调”应置于“校正”位置，当“倍乘”开关置于“×1”挡时，不需要对测量结果进行换算。

4．维护保养

同 4.2.1 节中相关内容。

4.2.4　交流毫伏表（DA-16 型）使用规范

1．用途

DA-16 型交流毫伏表广泛用于电子设备和产品整机性能测试中，用于测量低频交流信号的电压和电平。

2. 操作步骤

DA-16 型交流毫伏表面板示意图如图 4.4 所示，其操作步骤如下。

① 检查所用交流毫伏表周期校准合格标记，合格方可使用。

② 交流毫伏表应平稳放置。通电前应调整表头的机械零点螺钉，使表针指示在零位。

③ 根据被测信号值的大小选择电压量程，若不知被测信号大小，可先选择最大量程，然后逐步减小到合适的量程，以防止因信号大而导致表针满偏，将表针打弯。

④ 接通电源，待表针稳定后，将输入线短路，调整零点调整旋钮，使表针指在零位，即可进行测量。

⑤ 测量时先将输入线的地线（屏蔽线）与被测电路公共点相连，然后将输入线的信号端接至被测点上。测量完毕，先将信号端撤下，再断开地线。

⑥ 将此表当做电平表用时，测量的电平数值为表针所指的数值与选择量程开关所指的电平数值的代数和。

⑦ 仪器使用完毕后，应关掉电源，整理附件，清点检查后妥善放置。

⑧ 填写质量记录《仪器设备使用管理记录》。

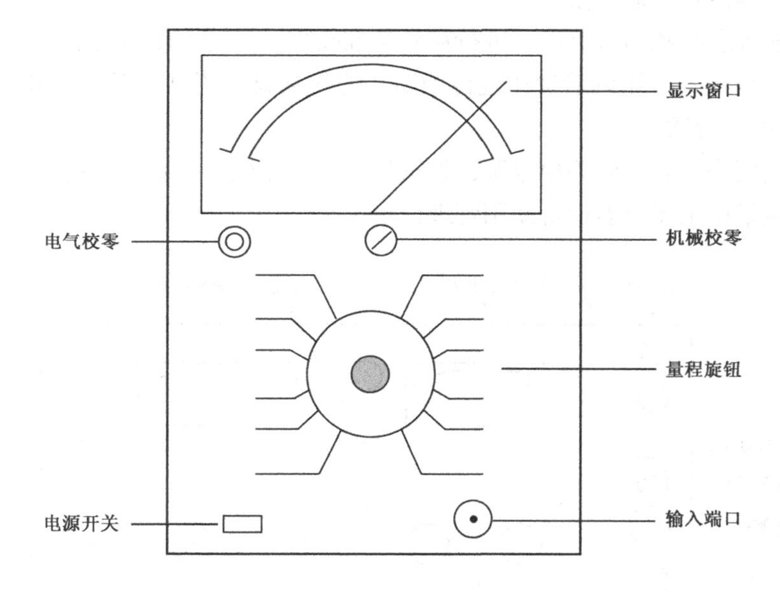

图 4.4　毫伏表面板示意图

3. 注意事项

① 机械零点不需要经常调整。

② 选择量程时，尽量使表针指示在满量程的 2/3 以上。

③ 测试完毕后，应将量程开关转至大电压挡。

④ 由于仪表的灵敏度较高，使用时必须正确地选择接地点，以免造成测试错误。

4. 维护保养

同 4.2.1 节中相关内容。

4.2.5 失真度测量仪（QF4110 型）使用规范

1. 用途

失真度测量仪用于线性系统失真度性能的测量。

2. 操作步骤

QF4110 型失真度测量仪面板示意图如图 4.5 所示，其操作步骤如下。

① 检查所用失真度测量仪周期校准合格标记，合格方可使用。

② 接通电源，提前预热。

③ 根据线性系统输出信号的频率，用频率选择开关选择合适的频率范围。

④ 选择校准模式，输入信号。

⑤ 调节输入衰减和输入电压，进行初始基准校准，保持电压表指示为满度 100。

⑥ 选择失真模式，用调谐旋钮进行调谐，滤除基波，使电压表指示最小，指示读数即为非线性失真的百分数。

⑦ 仪器使用完毕后，应关掉电源，整理附件，清点检查后妥善放置。

⑧ 填写质量记录《仪器设备使用管理记录》。

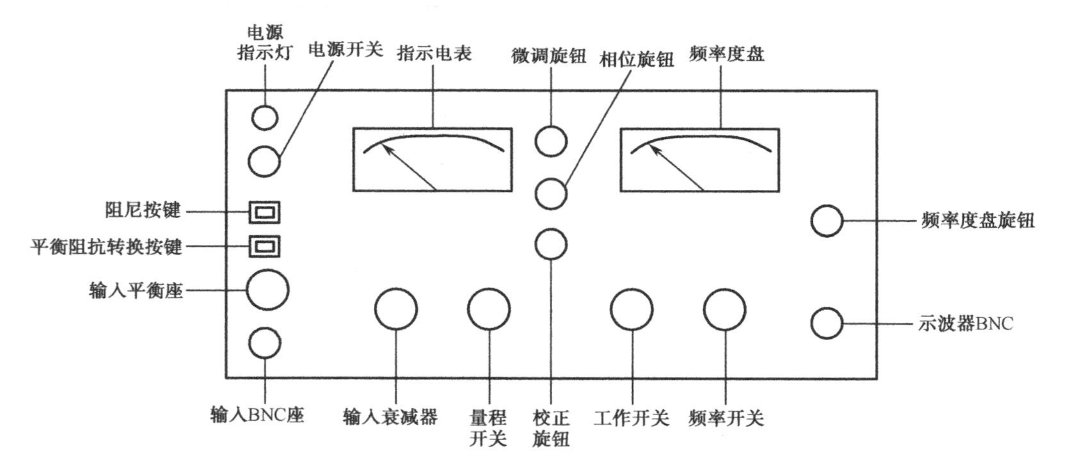

图 4.5　失真度测量仪面板示意图

3. 注意事项

① 检查电源应在 220V±10%或 110V±10%范围内。

② 使用环境温度为 10～40℃，相对湿度≤80%。

③ 失真度测量仪每一次测量都要选择校正模式进行校准。

4. 维护保养

同 4.2.1 节中相关内容。

4.2.6 电子计数器（YZ-2003 型）使用规范

1. 用途

电子计数器用于测量频率和时间。

2. 操作步骤

YZ-2003 型电子计数器面板示意图如图 4.6 所示，其操作步骤如下。

① 检查所用电子计数器周期校准合格标记，合格方可使用。

② 接通电源预热，进行“自校”检查。

③ 频率测量：选择“频率”测量功能，选择适当的闸门时间，输入被测信号，用 AC 耦合方式，调节触发电平即可。

④ 周期测量：选择“周期”测量功能，选择适当的倍乘率，输入被测信号，用 AC 耦合方式，调节触发电平即可。

⑤ 仪器使用完毕后，应关掉电源，整理附件，清点检查后妥善放置。

⑥ 填写质量记录《仪器设备使用管理记录》。

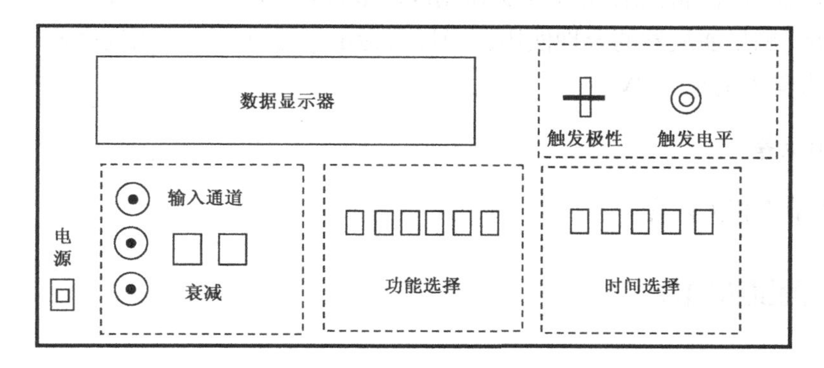

图 4.6　电子计数器面板示意图

3. 注意事项

① 确认电源电压在 220V ± 10%范围内。

② 当采用机内晶振时，选择“内接”位置。

③ 测量脉冲波、三角波、锯齿波时，选择 DC 耦合方式，将触发电平调节旋钮拉出。

4. 维护保养

同 4.2.1 节中相关内容。

4.3 其他相关仪器和设备简介

4.3.1 测量滤波器（843 型收音机、录音机测量滤波器）使用规范

1. 用途

测量滤波器主要用于测量调频调幅收音机的灵敏度、信噪比、选择性、通频带等，以及录音机的通道信噪比、谐波失真、串音、通道隔离、消音效果等性能。

2. 操作步骤

① 测量滤波器使用电压为交流 220V，接通电源以后，首先预热 15min，再进行测量。

② 将被测系统的输出端与测量滤波器的输入端相连，测量滤波器的输出端接电压表、示波器或记录仪等仪器。

③ 根据测试要求，按下前面板上的相应开关，即可测量。

3. 注意事项

① 当需要用 1000Hz 带阻滤波器与带通 1、带通 2 连用时（例如测量收音机的实用灵敏度），可按下带通 1 或带通 2 以及带阻挡按键。1000Hz 带阻滤波器不能与其他挡位连用。测量滤波器输出插口右侧的带阻 f_0 微调旋钮用以调节带阻滤波器中心频率。

② 为保证测量滤波器的合理使用，当过载指示灯亮时，应适当选择输入衰减开关。测量滤波器最大输入电平为 7V。

4. 维护保养

同 4.2.1 节中相关内容。

4.3.2 测试带简介

1. 用途

要测量录音机的性能必须用测试带。测试带是磁带录音机调整测量中非常重要的工具。所谓测试带是指按照严格的要求录有规定磁平（磁带上所录剩磁信号的磁通密度大小）信号的测试或调整用已录磁带。

2. 分类及技术标准

盒式测试带有很多种，为满足检测录音机的带速误差、抖晃率、放音频响、串音等性能指标，录音机检验测试需要的测试带有带速抖晃测试带、参考磁平测试带、放音频响测试带、串音测试带以及测量录音机综合特性的空白测试带等。检验测试中对测试带的技术要求请参

考 GB/T 2018—1987《磁带录音机测量方法》中的规定。

3．使用注意事项

测试带是靠磁层中所记录的剩磁信号工作的，因而在其使用和存放过程中，要注意以下几点。

① 严防附近有强磁场造成退磁，要防止振动、冲击和高速磨损，以免损坏磁带或带盒机构，降低测试带的性能。

② 防尘、防油、防潮、防高温。

③ 避免快卷（包括快进、快倒）后存放。

④ 要立放，不要卧放，横立（宽度方向垂直地面）、竖立（长度方向垂直地面）均可，以防止长期卧放引起润滑片及磁带边缘变形。

4.3.3 抖晃仪简介

抖晃仪用于测量录音机、电影放映机、录像机及电唱机等录放设备由于机械装置、传动机构加工或装配不良引起的抖晃失真率。

ZN5971 抖晃仪：采用“计权”电路；灵敏度高，具有 0.01%的满刻度；测量中心频率分别为 3kHz 和 3.15kHz。其他性能指标和使用方法请参考说明书中的介绍。

4.3.4 用电安全性能检测用仪器简介

在电子产品检验中，电子产品用电安全性能也是一项不可忽视的检验项目。该项目常用的检测仪器仪表有电压表、电流表、万用表、兆欧表、功率表、耐压测试仪及接地电阻测试仪等。这里简要介绍兆欧表和耐压测试仪。

1．兆欧表

兆欧表是用于测量绝缘电阻的仪表，是一种简便测量大电阻的指示仪表，标度尺的单位是“MΩ”（$1\text{M}\Omega=10^6\Omega$）。因其主要组成部分是一个手摇发电机和磁电式比率表，所以兆欧表又称为“摇表”。

兆欧表的选用，主要依据其额定电压和测量范围。电压高的电力设备，对绝缘电阻值要求大一些，因而必须选用耐高压的兆欧表。一般低压电器，其测量范围不要过多地超出被测绝缘电阻的数值，以免读数产生较大的误差。使用兆欧表要严格按要求接线、拆线。测量前必须切断被测设备的电源，并接地短路放电。杜绝用兆欧表测量带电设备的绝缘电阻，以防发生人身和设备安全事故。

2．耐压测试仪

耐压测试仪是测量耐电压强度的仪器。它可以直观、准确、快速、可靠地测试各种被测对象的击穿电压、漏电流等电气安全性能指标，并可以作为交（直）流高电压源用来测试元器件和整机性能。

本章小结

本章作为检验实训教学中的工作类标准，在介绍了国家标准规定的测试方案以及对测量仪器主要性能指标数值或极限范围的要求之后，以技术文件形式给出了本课程检验实训用到的电子测量仪器使用规范（操作规程）。本章作为指南性质的介绍，主要目的是建立电子测量仪器规范使用的概念。

习题7

1．检验中对检测仪器及其组成有哪些要求?

2．检验中仪器的操作为什么要依据操作规程进行?

3．检测仪器使用规范主要包括哪几项内容?

4．谈谈你对测量仪器使用规范作为工作类标准的认识。

第5章

检验测试工装介绍

5.1 生产环境测试工装的概念

工装即工艺装备，也称工艺装置，是产品或零、部、整件制造过程中所使用的各种工具和附加装置的总称，包括夹具、模具、刀具、量具以及工位器具等。工艺装备是从事生产劳动、实现工艺过程的重要手段，它对保证产品质量，提高生产效率和改善劳动条件，具有重要作用。

检验测试工装是产品检验测试过程中所用的各种工具的总称。检验质量和效率的提高，除了人的因素外，还取决于测试工装的先进性。

5.1.1 检验测试工装标准化

在企业产品检验测试准备工作中，工艺装备的设计和制造占有很大的比重。随着科学领域中新技术的不断出现，生产技术水平不断提高，新产品不断涌现，企业要在尽量短的时间内设计、制造出足够品种和数量的工艺装备，包括测试工艺装备，以便缩短试制、生产准备周期，适应企业发展需要，就必须做好工艺装备标准化工作。

检验测试工装标准化的主要内容有：

① 提高工艺装备的继承性和通用性，压缩工艺装备的品种规格，减少工装的制造成本和工作量。

② 尽量采用标准的工艺装备，即有国家标准或行业标准的工艺装备，以减少设计工作量，缩短生产技术准备周期。

③ 在自己设计的工装中尽量采用标准的零部件，提高工装零部件的标准化系数，可以节约设计力量和缩短时间。

④ 扩大已有工艺装备的应用范围，使工艺装备能够多次重复使用，提高工艺装备的使用价值和利用率。

5.1.2 检验测试工装的设计

工艺装备的设计是工艺工作的主要内容之一。工艺装备设计图样作为工艺文件的一种表现形式，在测试工作中发挥着重要作用。

1．检验测试工装的设计依据

① 工装设计任务书、工艺规程、产品图样和技术条件等。

② 与工装设计有关的国家标准、行业标准和企业标准。

③ 国内外典型工艺装备图册、设计指导资料和专利等。

④ 企业设备样本、手册、说明书以及使用维护状况。

⑤ 企业的生产技术条件（制造工装的能力）。

2．检验测试工装的设计原则

① 在保证产品检验质量和满足工艺要求的前提下，尽量采用先进、高效的工装。

② 提高工装标准化。

③ 保证工装具有良好的结构工艺性，以利检验测试工作的进行。

④ 工装设计图纸和编号等应符合有关标准的规定和要求。

3．检验测试工装的设计程序

① 分析检验测试工装设计任务书，了解产品检验测试基准，研究并提出修改意见。

a．熟悉被测试件图样，了解其在产品结构中的作用，掌握被测试件的结构特点、主要精度等级和技术条件，熟悉被加工件的材料、毛坯种类、重量和外形尺寸等。

b．熟悉被测试件的工艺方案、工艺路线和工艺规程。

c．收集企业内外有关资料，进行必要的工艺试验，根据需要进行调研。

② 确定设计方案，绘制工作图。

a．绘制方案结构示意图，对已确定的基础件的几何尺寸进行必要的刚度、强度、夹紧力的计算。

b．选择定位元件、夹紧元件或机构，定位基准与设计基准、测量基准应尽量统一。如果不能统一，应进行转换基准误差的核算、论证。

c．对工装轮廓尺寸、总重量、承载能力以及设备规格进行考核。

d．确定最佳方案，绘制装配图。图样应符合 GB/T 14689～14692—1993 的要求。装配图上应注明定位面、夹紧面，主要活动件的极限尺寸、装配尺寸、配合代号、外形尺寸及工装总重量。简单常用的工装可视情况免于标注。

注：GB/T 14689—1993《技术制图图纸幅面和格式》

GB/T 14690—1993《技术制图比例》

GB/T 14691—1993《技术制图字体》

GB/T 14692—1993《技术制图投影法》

e. 绘出被测试件的外形轮廓，定位、夹紧及加工部位和余量，注明被测试件在工装中的相关尺寸和主要参数。

f. 标明工装编号打印位置，注明总装检验尺寸和验证技术要求。编写使用说明书。

g. 工装设计部门负责人或工艺部门负责人审核或请设计部门、加工部门会签。

h. 按 GB/T 14689～14692—1993、GB/T 131—1993《机械制图表面粗糙度符号、代号及其注法》和 GB/T 1182,1184,16671,17773,17851—1999《形状和位置公差》的要求绘制工装零件图。

i. 精密、特殊测试工装应附有设计计算书和使用说明书。

③ 标准化审查。应审查工装设计是否符合有关标准的规定。

④ 审核批准。

a. 审核设计的工装是否符合设计原则和达到预定功能。

b. 对工装图样进行工艺性审查，以利检验测试。

c. 经审核无误后，由工装设计单位负责人或工艺部门负责人签字批准。

⑤ 修改。工装需要修改时，工装设计人员应填写更改通知单，经审核、批准后按图样管理制度修改有关图样。

5.1.3 检验测试工装的验证

工艺装备设计完成后，为保证检验测试工作的质量和验证工装的可靠性、合理性及安全性，以保证检验工作的顺利进行，应进行工装的验证。验证范围一般是首次设计制造的工装，经重大修改设计的工装以及复杂、精密的工装。验证分为重点验证、一般验证和简单验证。

1. 工艺装备的验证依据

① 产品零部件设计图样及技术要求。

② 工艺规程。

③ 工装设计任务书、工装图样、工装制造工艺、通用技术条件及工装使用说明书。

2. 工艺装备验证结论

（1）验证合格

经验证，工艺装备完全符合产品测试设计、工艺文件的要求，工装可以投产使用。

（2）验证基本合格

经验证，工装不完全符合设计、工艺文件的要求，但不影响使用。这时仍允许投产使用，但验证书上必须有主管工艺或设计的人员签字。

（3）验证不合格

经验证，工装须返修，经再验证合格后方可投产使用。

（4）验证报废

经验证，因工装设计或制造问题而不能保证产品质量并不能修复者，工装不得投入使用，只能做报废处理。

5.1.4 检验测试工装的管理

通常，电子生产企业的检验测试工装是指自行制作的或由供应商按照某特定要求定制的装置，根据其在生产过程中实现的功能不同，可分为测量性工装和非测量性工装。

非测量性工装的主要作用是降低劳动强度或提高工作效率，其失效不会导致有关生产过程输出的产品在功能、性能或其他设计要求方面存在缺陷，如产品生产过程中的一些五金工具、防静电设备等。

测量性工装的主要作用是对产品进行检验、测试或辅助其他设备工装共同完成产品的检验、测试，其失效可能导致有关生产过程输出的产品在功能、性能或其他设计要求方面存在缺陷，如 PCBA 检验测试工装等。

作为企业质量管理体系文件的组成部分，为规范本企业检验设备、工具及工装的管理，对生产检验环节的测试工装制定有相应的管理规定。表 5.1 为某电子企业检验测试设备、工具及工装管理规范。

表 5.1　×××电子企业检验测试设备、工具及工装管理规范（质量文件模板）

×××电子企业	文件编号：G/LLJY203.1-2013		
QA 规范　检验测试工装、工具管理规范	版本号：A	页　码：1	编制：XXX
1．目的 为规范检验测试设备、工具及工装（以下简称“EJT”）的管理，制定本规范。 2．范围 适用于各产品检验过程所需的设备、工具及工装。 3．EJT 的分类与定义 4．职责 5．EJT 的引入 6．EJT 的日常管理及维护 7．维修与报废 8．EJT 的重新验证确认 9．相关程序文件 如《测量仪器和设备的控制管理规定》 10．相关质量记录 《EJT 申请/验收单》、《设备工装报废申请单》、《设备工装定期检查单》等			

5.2　检验测试工装简介

这里简要介绍 PCBA 检验测试工装及电子产品性能指标测试中常用的测试工装的原理和使用方法。

5.2.1　PCBA 在线测试工装简介

1. ICT 在线测试

PCBA 即 Printed Circuit Board Assembly，可理解为成品线路板。PCB 空板经过 SMT 上件，再经过 DIP 插件的整个制程，完成所有工序后即为 PCBA。

ICT（In-circuit Tester）在线测试属于接触式检测技术，也是生产中最基本的测试方法之一，它由于具有很强的故障诊断能力而被广泛使用。ICT 在线测试具备焊接缺陷检查能力和元器件缺陷检查能力。其基本原理是，将 PCBA 放置在专门设计的针床夹具上，安装在夹具上的弹簧测试探针与组件的引线或测试焊盘接触，由于接触了板子上的所有网络，所有的仿真和数字器件均可以单独测试，并可以迅速诊断出故障器件。

2. ICT 在线测试工装

ICT 在线测试夹具一般分单面和双面夹具两种，另外还有专门的 ICT 测试机。

（1）单面夹具

各种单面夹具如图 5.1 ~ 图 5.4 所示。

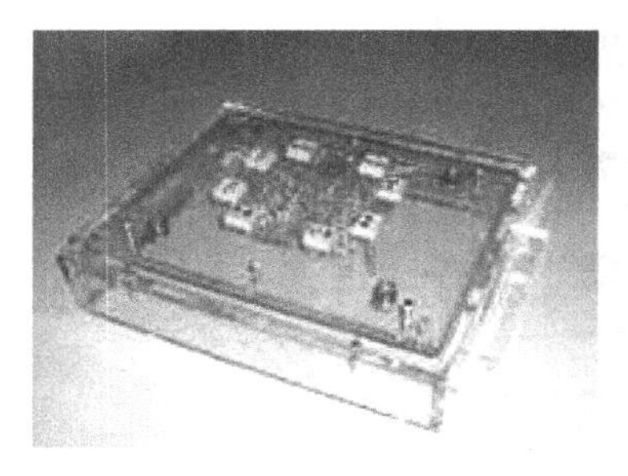

图 5.1　透明夹具

图 5.2　铁制边框、纤维板面板

图 5.3　铝合金边框夹具

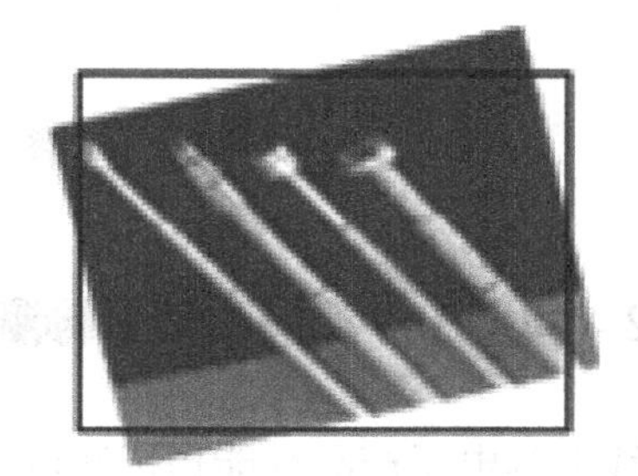

图 5.4　各类探针

（2）双面夹具

双面夹具如图 5.5 所示。

（3）ICT 测试机

ICT 测试机通过测量电路板上所有元件，包括电阻、电容、电感、二极体、电晶体、FET、SCR、LED 和 IC 等，检测出电路板产品的各种缺点，如线路短路、断路、缺件、错件、元件不良或装配不良等，并明确地指出缺点的所在位置，帮助使用者确保产品的品质，并提高不良产品检修效率。如图 5.6 所示为两种不同型号的 ICT 测试机。

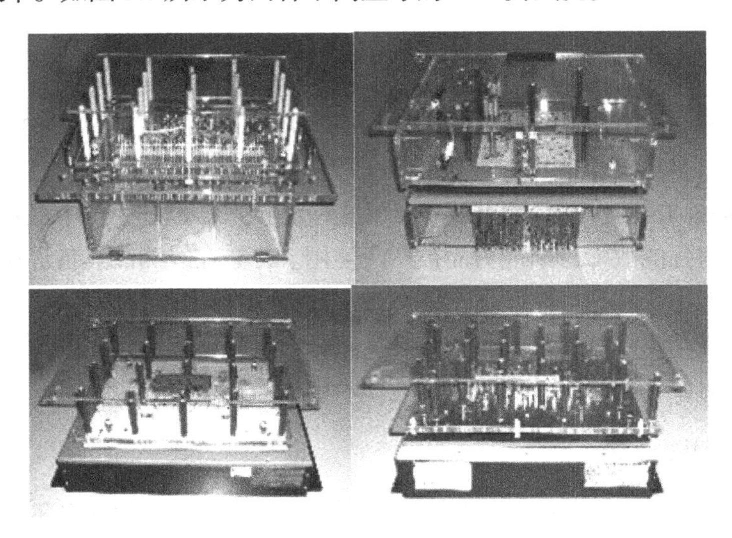

图 5.5　双面夹具

图 5.6　ICT 测试机

5.2.2　典型电子产品性能指标测试工装简介

生产线上的电子产品性能指标测试，是一种大批量的重复测试工作，往往需要对成千上万甚至十几万块相同的电路板进行测试。为提高测试效率和测试质量，通常应根据工艺要求制作专用的测试工装。将测试电路板嵌入测试工装，可同时进行几个性能指标的测试。在自动化测试系统中，通过微机控制实现自动测试和对测试件的自动分拣，其中的测试环节也充分利用这样的专用测试工装。

在电子产品性能指标测试过程中，要使用一些常用工具、材料及专用的 PCBA 测试工装（又称测试模板）。以收、录音机性能指标测试为例，常用材料主要有导线、屏蔽线，鳄鱼夹等，常用工具主要有装配常用的五金工具（钳子、改锥、镊子、小刀和锥子）和焊接工具（如电烙铁等）。以上内容在相关课程里都已学习过，在测试过程中，要注意合理选用和正确使用，这里不再赘述。

1．收、录音机性能指标测试工装的结构

如图 5.7 所示为某收、录音机性能指标测试工装的实物图，图 5.8 为其结构示意图。该测试工装具有良好的结构工艺性，利于确保测试工作的快速高效和准确方便。设计必须依据检验工序（工艺规程），产品图样，技术条件，与工装设计有关的国家标准、行业标准和企业标准，典型工艺装备图册以及企业设备样本等进行。下面对该工装主要部件做简要介绍。

图 5.7　某收、录音机性能指标测试工装实物图

（1）工装主体

测试工装模板的主体是一个具有四角支柱的架子。

（2）探针（包括探针Ⅰ、探针Ⅱ和探针Ⅲ）

探针是测试模板上的重要部件。它直接与测试板上的测试点接触，用于输入信号或输出信号。未加模板时，探针头完全露出；当测试板嵌入模板时，探针头会被压下一定高度，但能很好地与测试点连接，以输入或输出信号。探针下部通过导线与测试信号输入端或输出端连接。

制作模板时要依据产品技术文件等打孔，确定探针位置，并要确定探针型号。探针有单针头式和三针头式，一般测试点采用单针头式探针；三针头式探针主要用来连接大功率点输出，以减小信号的损耗。模板上探针的个数和型号由产品相关技术文件和检验工艺规程确定。如图 5.9 所示为一自制的“12V 直流稳压电源测试工装”中 PCBA 板反面探针设置示意图。

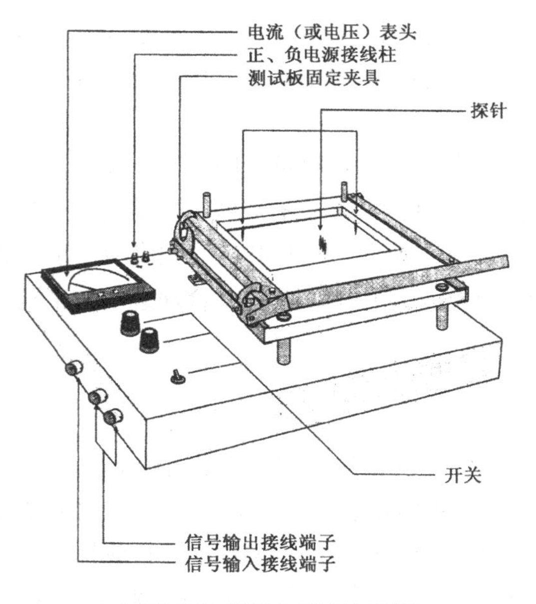

（a）收音机性能指标测试工装结构示意图

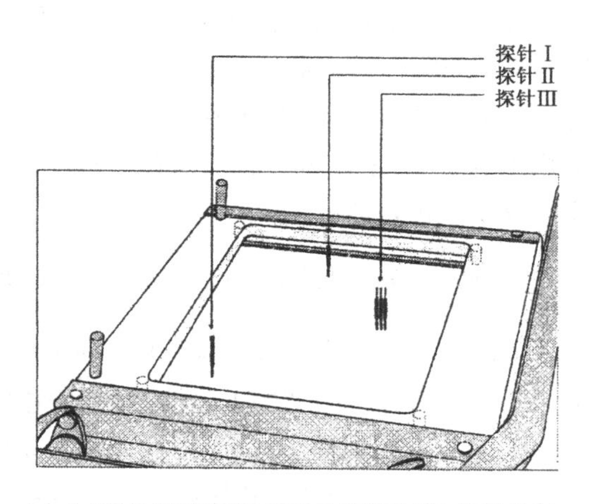

（b）收音机性能指标测试工装结构示意图局部（探针部分）

图 5.8 收、录音机性能指标测试工装结构

图 5.9 探针设置示意图

（3）开关布置

在模板上有时会设置一个或几个开关，开关的作用有两个：一是作为通道信号的转换，二是模拟实际工作中的不同电平状态。可根据实际需要布置开关。

（4）正、负电源接线柱

正、负电源接线柱通常在模板右上角，作为测试电源加入端。接线柱的下方用导线与各部分连接。

（5）电流（或电压）表头

为方便测试时的电压（或电流）读数，有时直接在工装上设置电流（或电压）表头。可根据需要设置。

（6）信号输入接线端子

作为测试信号输入端，信号输入接线端子用于接入输入信号，如信号源。其下部通过导线（或屏蔽线）与连接输入测试点的探针相连。端口常采用 Q9 接线端口，以减小信号的损耗。信号输入接线端子的个数视具体情况而定，一般为 1 个或 2 个。

（7）信号输出接线端子

作为测试信号输出端，信号输出接线端子用于输出信号，通常接至测试仪器如示波器、失真仪、电压表等。其下部通过导线（或屏蔽线）与连接输入测试点的探针相连。端口常采用 Q9 接线端口。信号输出接线端子的个数视具体情况而定，一般为 2 个或 3 个。

（8）测试板固定夹具

为了将测试板稳定地固定在模板上进行测试，方便单人操作，通常采用具有联动装置的固定夹具，两对对称分布在模板两侧，高度设计要保证测试板嵌入时，对探针的下压能与测试点良好接触。在测试中拿取动作很频繁，因此固定夹具材料要经久耐用。

2. 收、录音机性能指标测试工装的使用方法

① 将测试工装放置在铺有绝缘橡胶皮的测试台上，检查各部件功能是否正常，如接线柱、各探针等与模板主体之间是否出现松动等。

② 合理放置测试仪器，注意仪器组成要求。相关内容可参考第 4 章相关部分。

③ 将输入信号接入输入信号接线端子。测试工装信号输入、输出连接示意图如图 5.10 所示。

④ 将输出信号端子连接到需要的测试仪器上，如电压表。

⑤ 拉动固定夹具，将测试板嵌入模板，检查其固定状况以及各探针与测试点的接触状况是否正常。

⑥ 加电测试，按要求调节输入信号，观察和测量输出信号。

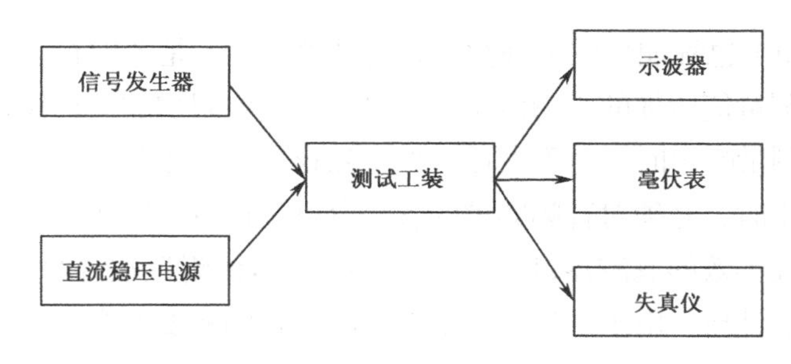

图 5.10　测试工装信号输入、输出连接示意图

3. 使用注意事项

① 严格按规定步骤和操作规程进行。

② 当测试板嵌入时出现压不下去的情况时，不要强行下压，要重新检查探针功能是否正常。

需要说明的是，这里仅对这种测试模板的基本原理和使用方法做介绍。对于不同的产品，测试模板在结构上会有一定的差异。即使是不同型号的同一产品，它们在结构上也会存在一些不同。但这种测试模板是目前电子产品整机性能指标测试生产线上普遍采用的形式。

开设电子产品检验实习课程的学校，可以根据实训产品具体的规格和型号、产品图样、检验实训内容安排及其他实际情况，制作出满足实训产品要求的测试模板。当然，对学校教学实践而言，由于受各种条件限制，理论上也不强调检验环境的仿真，以上内容也可仅作为理论知识介绍，使学生了解测试工装的基本概念，为将来走向实际检验岗位打下基础。

5.2.3 电子产品检验实习测试工装简介

本次实训中可采用原始的测试工装，即确定好测试点，焊接带鳄鱼夹的导线，以此来输入激励信号，输出待测信号，完成设计的检验测试项目。其中用到的标准假负载、A 计权网络等辅助电路和装备均可视为本次实训的测试工装（说明：标准测试带及测量滤波器在 4.3 节中已做介绍）。

1. 标准假负载

假负载是替代终端在某一电路（如放大器）或电器输出端口，接收电功率的元器件、部件或装置。对假负载最基本的要求是阻抗匹配和所能承受的功率。假负载可以分为电阻负载、电感负载、容性负载等。

在收、录音机的性能测试中，假负载实际上是模拟扬声器特性的阻抗元件。在产品测量方法中规定可以采用纯电阻，其阻值等于扬声器的标称阻抗，误差不大于 5%。在进行测量时，输出信号（收、录音机的音频输出功率）可能较大，在电阻上具有较大的功率，所以应该选用功率容量合适的电阻。

2. A 计权网络

计权（Weighted）也称加权或听补偿，有两种含义：一是考虑到设备在正常使用和测量时的条件不同，对测量值所加的人为修正；二是在测量中附加的一种校正系数，以正确地反映被测对象。如在测量噪声时，由于人耳对 1 ~ 5kHz 的灵敏度最高，对低频分量不敏感，从听觉上评价噪声大小时，必须对音频频谱的各部分进行计权，即在测量噪声时需要使它通过一个与听觉频率特性等效的滤波器，以反映人耳在 3000Hz 附近敏锐的灵敏度和 60Hz 附近较差的灵敏度，这就是计权。由于人耳的频率响应随声音的响度而变，故对不同的响度或声压级的声音使用不同的计权曲线。

计权网络一般有 A、B、C 三种。A 计权声级模拟 55dB 以下低强度噪声的频率特性，B 计权声级模拟 55 ~ 85dB 中等强度噪声的频率特性，C 计权声级模拟高强度噪声的频率特性。三者的主要差别是对噪声低频成分的衰减程度，A 衰减最多，B 次之，C 最少。A 计权声级由于其特性曲线接近于人耳的听感特性，因此是目前世界上噪声测量中应用最广泛的一种。

本章小结

本章主要介绍了生产环境测试工装的概念和典型电子产品性能指标测试工装的原理及使用方法。

检验测试工装是产品检验测试过程中所用的各种工具的总称。检验质量和效率的提高，除了人的因素外，还取决于测试工装的先进性。

目前，专用于电子产品调试和检测的工装有各种夹具、测试针床、专用信号源和专用测试仪器等。测试模板是目前电子产品整机性能指标测试生产线上普遍采用的形式。

习题 7

1. 什么叫测试工装？为什么说使用工装能够提高生产效率？
2. 测试工装标准化的内容有哪些？
3. 测试工装设计的依据和原则是什么？
4. 简述收、录音机检验测试工装的原理和使用方法。
5. 电子产品检验实习项目中用到的检验测试工装有哪些？

第 6 章 产品检验

本章为电子产品检验实习的实训部分。通过前面各章节的学习，大家对电子产品性能指标检验工艺、测量方法和技术条件标准、检测仪器的操作规范以及检验测试工装等都有了一定的认识和理解。为帮助大家理解检验任务，培养标准和规范意识，本章检验实训部分将模拟企业产品检验过程，以检验实训程序文件的形式指导检验实训活动的开展。本章不强调测试环境的仿真，各学校可根据仪器设备配置情况灵活选择测试项目。受到篇幅及编写形式的限制，本章的作业指导书在形式上未采用检验卡片，而内容与检验卡片完全一致。各学校可根据实习场地的布置，将作业指导书转化为卡片形式，以方便检验实习工作的进行。

本章力图通过这种模拟训练，使大家理解检验任务，能按标准规范进行检验。若干检验项目可以以分组形式进行，采用循环替换，使每个人都能体验不同的检验岗位。

6.1 产品检验实训的控制

6.1.1 熟练使用检验环境

检验工作质量的优劣，与检验人员能否熟练地使用检验环境有很大关系。熟练使用检验环境的主要内容包括：理解并掌握检验测试工序及工艺要求，检测仪器、设备的使用规范要求，以及检验测试工装的基本原理；能够熟练使用检测仪器和测试工装；理解检验工序控制文件的内容和意义，并在检验控制程序文件的指导下按工艺要求规范操作。以上内容在前面的章节里都做了详细介绍，本节主要强调检验环境的两个主要方面，即对检验测试工艺以及检测仪器和设备的要求，具体内容可见第 2 章及第 4 章相关部分。

6.1.2 检验实训质量审核程序

为了掌握和确认电子产品检验实训状况，及时了解电子产品检验实训信息，采取适当措施，确保电子产品检验实训圆满完成，同时不断提高检验人员（实训学生）的电子产品检验基本知识与技能，确保检验工作质量，特制定检验实训质量审核程序。

1. 目的

本程序规定了电子产品检验实训的基本要求，还规定了电子产品检验实训的对象、范围、项目、方法、顺序、质量审核判据、检验人员（实训学生）工作质量考核以及评价等。

2. 适用范围

本程序适用于产品检验实训过程的质量控制。

3. 相关文件

① 产品技术条件和测量方法（见第 3 章）。
② 检验项目操作指导书（见 6.3 节和 6.4 节）。

4. 质量记录

①《检验原始记录》。
②《检验报告》。
③《使用仪器设备清单》。
④《仪器设备使用管理记录》。
⑤《仪器设备故障及维修记录》。
⑥《教学效果调查表》。

5. 产品检验实训的内容

电子产品检验实训的内容分为产品的安全检查以及常温下若干主要性能指标的检查。

6. 检验实训质量审核的对象

凡用于电子产品检验实训的收、录音机，均属于本次产品检验审核的对象。本实训所用收、录音机为一般家庭用盒式收、录音机。

7. 检验实训产品质量审核项目及方法

（1）安全检查（选做）
安全检查按 6.2 节进行。
（2）常温下若干主要性能指标的检查
① 调幅部分测试项目及要求如下。
a. 信噪比，按 6.3.2 节进行。
b. 噪限灵敏度，按 6.3.3 节进行。
c. 频率范围，按 6.3.4 节进行。
d. 整机电压谐波失真，按 6.3.5 节进行。
e. 最大有用功率，按 6.3.6 节进行。
② 录音部分测试项目及要求如下。

a．带速误差，按 6.4.2 节进行。
b．抖晃率，按 6.4.3 节进行。
c．全通道信噪比，按 6.4.4 节进行。
d．全通道谐波失真，按 6.4.5 节进行。
e．全通道频响，按 6.4.6 节进行。

8．产品质量审核判据

① 安全检查不合格即为不合格。
② 所有常温性能有一项为 A 类不合格或两项为 B 类不合格即为不合格。

9．检验实训产品质量审核流程

检验实训产品质量审核流程为：安全检查→常温下若干主要性能指标的检查。

10．考核

① 检验实训产品质量审核后，审核人员（检验学生）根据审核结果及时填写实习报告。要求内容确切，书写端正，字迹清楚，逐项填写，不得涂改。

② 实训指导老师、实训责任老师分别在规定的部位签字。

③ 对实训学生的成绩考核采用平时检查和实习报告结合的方式，从执行标准规范、掌握检验工艺、熟练使用检测仪器、正确填写和分析检验报告、学习态度和作风等方面考核。

11．说明

① 检验项目的测量方法严格遵照相应的操作指导书。

② 本实训设置的测试项目，可根据不同的情况选做其中的 6 个或 7 个。如条件许可，可依据国家标准规定的测量方法和技术条件要求设计其他项目，制定相应的作业指导书并进行测量。

③ 规范的测试操作指导书文件样式如表 2.1 所示，除主要内容外，一般还应有文件编号、版次、页次、制作人、审核人、批准人、受控文件盖章、来自何处、交往何处以及工序号等。

本书中只给出了操作指导书的主要内容。操作指导书主要包括以下几项内容：测量仪器及要求、测量电路、测量方法和步骤、注意事项以及与标准的比较。

6.2 “安全检查”项目测试

本节为选做内容，这里对安全性能测试做简要介绍。如果条件具备，可参照相关标准设计具体的检测方案和操作指导。

6.2.1 电气强度试验方法

电气强度试验俗称耐压试验。它用于衡量产品的绝缘在电场作用下耐击穿的能力，其试验结果是确定产品使用是否安全可靠的重要指标。电气强度试验有两种：直流耐压试验和交流工频耐压试验。家用电器等电子产品一般进行交流工频耐压试验，试验是在常态和潮态条件下进行的。对于电气强度试验受试部位和试验电压值，在各产品标准中均做了具体说明和规定。

6.2.2 泄漏电流测定方法

泄漏电流是衡量电子产品绝缘程度好坏的指标之一，它是有关安全的重要指标。泄漏电流的测量方法与测量绝缘电阻的方法基本相同。测量泄漏电流时周围环境温度为（20 ± 5）℃，产品处于工作温度条件下。测试时使用的电源性质与产品要求一致，被测试产品必须用橡皮垫与大地绝缘后或悬空后方可测量，注意测试仪表的保护及测试环境的控制。

6.2.3 绝缘电阻测定方法

绝缘电阻是指产品两个不同极性的电极之间绝缘结构的电阻，它是评价产品绝缘质量好坏的重要指标。测量时应将产品脱离电源，将兆欧表接至被测产品的受试部分。绝缘电阻测定条件有常态、热态和潮态，究竟测定哪种条件下的绝缘电阻，应根据被测产品及其标准要求来决定。兆欧表不能在周围有强电磁场存在的场合使用。

6.3 调幅收音部分若干性能指标测试

6.3.1 测量条件

标准测量条件参见 3.3 节中相关内容，此处不再赘述。

6.3.2 信噪比测量操作指导书

信噪比是指在一定的输入信号电平下，收音机输出端的信号电压与噪声电压之比。

1. 测量仪器及要求

（1）高频信号发生器

使用何种高频信号发生器，应根据收音机的类别决定。一般选用载波频率、载波电压和调制度三项重要参数均可调的高频信号发生器。同时要注意其频率范围、频率刻度误差、输出电压与阻抗等参数应满足测量要求。推荐使用 XFG-7 型高频信号发生器。

（2）电压表

电压表的测量范围、频率响应及测量误差等参数应满足测量要求，推荐采用 DA-16 型毫伏表。

（3）1000Hz 带通滤波器

1000Hz 带通滤波器的中心频率为 1000Hz，3dB 带宽约 200Hz。1/3 倍频程 800Hz 和 1250Hz 处的衰减大于 15dB。1 倍频程 500Hz 和 2000Hz 处的衰减大于 40dB。输入阻抗不大于 50kΩ。

（4）A 计权滤波器

A 计权特性应符合 IEC651 号标准规定。

2. 测量电路

信噪比测量连线示意图如图 6.1 所示。

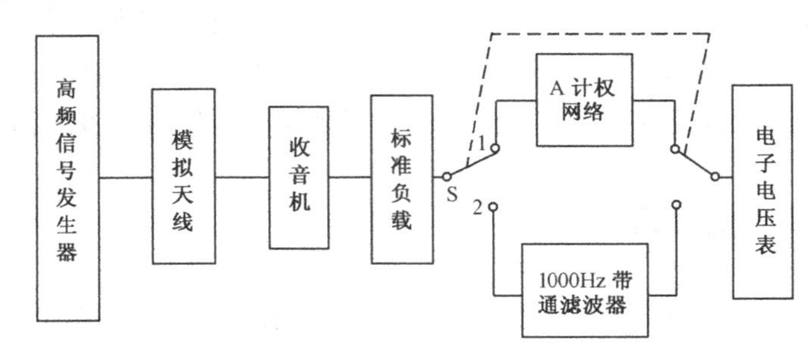

图 6.1　信噪比测量连线示意图

3. 测量方法和步骤

① 按图 6.1 所示的测量连线示意图连接电路。中波接收天线与环形天线相距 60cm。

② 收音机置于标准条件下，音调控制器在平直位置，宽带控制在宽带位置。

③ 调节高频信号发生器，输入信号电平为 10mV/m，输入信号频率为标准测量频率 1000kHz，调制度为 80%，调制频率为 1000Hz。

④ 将开关 S 打向 2，先用较低输入信号电平，按音频输出最大调谐法调谐，然后增大输出信号电平到规定值，调节音量控制器使收音机输出为额定输出功率，记录此时电压表的读数。

⑤ 将高频信号发生器去调制（输出未调制），将开关 S 打向 1，测量收音机的噪声输出电压，记录此时电压表的读数。

4. 注意事项

① 音频输出最大调谐法指的是用 1000Hz 调制的高频信号，输入规定电平值，加到收音机输入端，并调谐收音机。然后微调高频信号发生器频率，使收音机 1000Hz 音频输出达到最大值，作为收音机的调谐点。

② 若无 A 计权滤波器，可暂用 300Hz ~ 15kHz 带通滤波器或 200Hz ~ 15kHz 带通滤波器。

5. 结果表达

收音机输出额定输出功率时相应的电压与去调制时的噪声电压之比，即为信噪比。

6. 与标准的比较

依据表 3.1 和表 3.2，标准规定 C 类收音机信噪比不小于 34dB，磁性天线长度≤55mm 的 C 类机信噪比不小于 30dB。将测量结果与标准进行比较，做出合格类别判定。

6.3.3 噪限灵敏度测量操作指导书

1. 测量仪器及要求

测量仪器及要求同 6.3.2 节。

2. 测量电路

测量电路如图 6.1 所示。

3. 测量方法和步骤

① 按测量连线示意图连接电路。中波接收天线与环形天线相距 60cm。

② 收音机置于标准条件下，音调控制器在平直位置，宽带控制在宽带位置。

③ 调节高频信号发生器，输入信号电平为 10mV/m，输入信号频率为标准测量频率 1000kHz，调制度为 80%，调制频率为 1000Hz。

④ 反复调节高频信号发生器的输出电平和收音机音量控制器位置，使收音机的信噪比为 26dB，输出为标准输出功率。

具体做法如下：先调节收音机音量控制器位置，使输出为标准输出功率；再将信号去调制，观测信噪比，反复调节高频信号发生器的输出电平，同时调节收音机音量控制器的位置（保证输出为标准输出功率），使收音机的信噪比为 26dB。

⑤ 记录此时高频信号发生器的输出电平，它即为收音机的噪限灵敏度。

⑥ 调节高频信号发生器，使输入信号频率分别为 630kHz 和 1.4MHz，用步骤④ 的方法，测量收音机在这两个频率点的噪限灵敏度。

4. 注意事项

测试点分别取 630kHz、1000kHz 和 1.4MHz。

5. 与标准的比较

依据表 3.1 和表 3.2，标准规定 C 类收音机噪限灵敏度不大于 6.0mV/m，将测量结果与标准进行比较，做出合格类别判定。

6.3.4 频率范围（中波）测量操作指导书

1. 测量仪器及要求

① 高频信号发生器：要求同 6.3.2 节中相关内容。

② 电压表：要求同 6.3.2 节中相关内容。

2. 测量电路

频率范围测量连线示意图如图 6.2 所示。

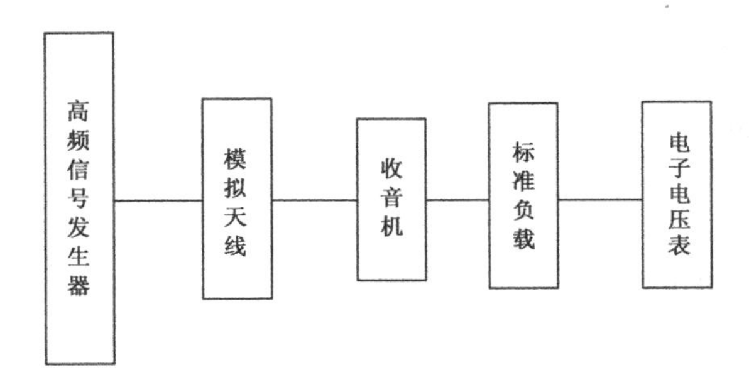

图 6.2　频率范围测量连线示意图

3. 测量方法和步骤

① 按图 6.2 所示的测量连线示意图连接电路。中波接收天线与环形天线相距 60cm。

② 在收音机基本达到温度稳定状态后，将收音机调谐指针调到中波波段起始位置上。

③ 调节高频信号发生器，使收音机输入频率为 1000Hz、调制度为 30%的高频信号。输入信号电平为额定噪限灵敏度，按音频输出最大调谐。

④ 调节音量控制器，使收音机输出不大于额定输出功率。

⑤ 调节高频信号发生器，按以上要求得到中波波段起始位置的频率。记录此时高频信号发生器的输出频率。

⑥ 将收音机调谐指针调到中波波段截止位置，重复上述步骤，记录高频信号发生器的输出频率。

4. 注意事项

实际测试中，为了监听输出信号，标准负载直接用扬声器代替，有时还可接上示波器观察波形。

5. 结果表达

收音机中波波段起始和截止位置对应的高频信号发生器的输出频率，即为收音机中波波段频率范围。

6．与标准的比较

依据表 3.1 和表 3.2，标准规定调幅收音机中波波段只设一个，频率范围为 526.5 ~ 1606.5kHz，与标准进行比较，做出合格类别判定。

6.3.5 整机电压谐波失真测量操作指导书

1．测量仪器及要求

① 高频信号发生器：同 6.3.2 节中相关内容。

② 失真度测量仪：要求测量失真度时的频率范围、失真度范围以及输入信号电压范围符合测量要求。推荐采用具有失真因子数字显示器的自动失真度测量仪。

③ 电压表：同 6.3.2 节中相关内容。

2．测量电路

整机电压谐波失真测量连线示意图如图 6.3 所示。

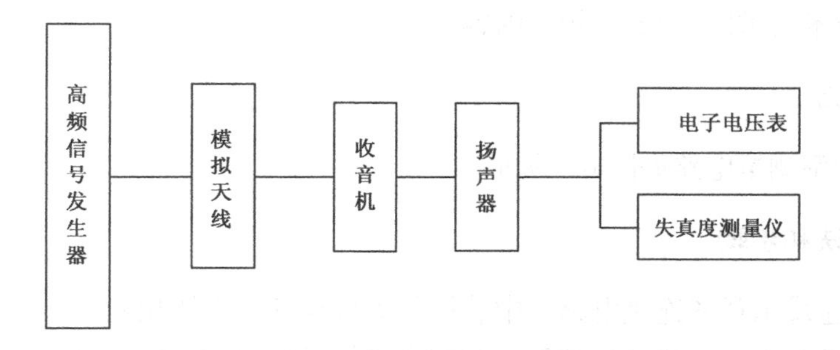

图 6.3　整机电压谐波失真测量连线示意图

3．测量方法和步骤

① 按图 6.3 所示的测量连线示意图连接电路。中波接收天线与环形天线相距 60cm。

② 将收音机置于标准测量条件下，调节高频信号发生器，使其输出频率为 1000kHz、调制频率为 1000Hz、调制度为 80%的高频信号，输入信号电平为 10mV/m。

③ 按 14dB 谷点调谐法进行调谐，调节音量控制器，使收音机输出标准输出功率。

④ 测量整机电压谐波失真度，记录此时失真度测量仪的读数。

4．注意事项

① 标准负载由扬声器代替。

② 14dB 谷点调谐法是指输入规定电平值的高频信号，按音频输出最大调谐，音调控制器在平直位置。加大输入信号电平到需要值，调节音量控制器，使收音机输出达到所需要的功率值。然后，逐渐增大调制频率，保持调制度不变，直到输入下降 14dB 为止。此时重新仔细微调高频信号发生器的频率，使输出达到最小值，作为收音的调谐点。

5. 结果表达

失真度测量仪的读数即为整机电压谐波失真值。

6. 与标准的比较

依据表 3.1 和表 3.2，标准规定 C 类收音机整机电压谐波失真不大于 15%，将测量结果与标准进行比较，做出合格类别判定。

6.3.6 最大有用功率测量操作指导书

整机电压谐波失真为 10%时的输出功率称为最大有用功率。

1. 测量仪器及要求

① 高频信号发生器。
② 失真度测量仪。
③ 电压表。
测量仪器技术要求同 6.3.5 节相关内容。

2. 测量电路

最大有用功率测量电路如图 6.3 所示。

3. 测量方法和步骤

① 按测量连线示意图连接电路。中波接收天线与环形天线相距 60cm。
② 将收音机置于标准测试条件下，调节高频信号发生器，使其输出一频率为 1000kHz、调制频率为 1000Hz、调制度为 30%的高频信号，输入信号电平为 10mV/m。
③ 按 14dB 谷点调谐法进行调谐，调节音量控制器，使收音机输出标准输出功率。
④ 调节音量控制器增加输出功率，监测失真度测量仪的指示，当电压谐波失真为 10%时的输出功率即为最大有用功率，记录此时的电压表读数。

4. 注意事项

若无音量控制器或音量控制器达最大位置后电压谐波失真仍达不到 10%，则增大调制度直至产生 10%失真为止。

5. 结果表达

若电压表读数为 U，标准负载阻值为 R，则最大有用功率为

$$P=U^2/R$$

6．与标准的比较

依据表 3.1 及表 3.2，将测量计算结果与产品标准相比较，最大有用功率劣于产品标准规定值，大于 10%，为 A 类不合格；劣于产品标准规定值，不大于 10%，为 B 类不合格。

6.3.7　实习检验报告

在完成以上各项测试的同时，应认真填写实习原始记录和实习检验报告。因为实习仅对整机部分性能指标进行了测试和判断，所以本报告以简略的形式将检验原始记录与报告内容一并列出。调幅收音机电性能测试检验报告如表 6.1 所示。

表 6.1　调幅收音机电性能测试检验报告

产品名称 __________

序　号	检验项目	技术要求	测量结果			检验结论
			#1	#2	#3	
1	信噪比	≥40dB				
2	噪限灵敏度	≤6.0mV/m				
3	频率范围	f_L=535kHz±10kHz				
		f_H=1605kHz±10kHz				
4	失真度	≤15%				
5	最大有用功率	产品标准规定				

检测：__________　记录：__________　检验日期：__________

6.4　录音机部分主要性能指标测试

6.4.1　测量条件

标准测量条件参见 3.4.1 节相关内容，这里不再赘述。

6.4.2　带速误差测量操作指导书

1．测量仪器及要求

（1）数字频率计

测量频率范围：10Hz ~ 1MHz。

频率测量精度：3×10^{-5}，±1 个数字。

输入波形和幅度：正弦波，0.1 ~ 30V。

输入阻抗：输入电阻≥500kΩ，输入电容≤40pF。

（2）测试带

测试带要求参见 GB/T 2018—1987《磁带录音机测量方法》附录 A。

2. 测量电路

带速误差测量接线示意图如图 6.4 所示。

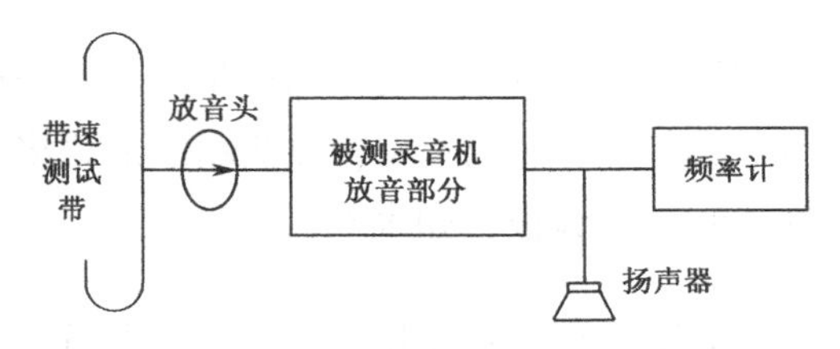

图 6.4　带速误差测量接线示意图

3. 测量方法和步骤

① 在被测录音机上放带速测试带，数字频率计闸门时间应取 10s，在测试带带头用数字频率计测量放音输出信号频率，记录数据。

② 采用同样的方法，在测试带带尾用数字频率计测量放音输出信号频率，记录数据。

4. 注意事项

数字频率计闸门时间应取 10s，两次测量应分别在测试带带头和带尾进行。

5. 结果表达

按下式计算带速误差：

$$\text{带速误差}=\frac{f_2-f_1}{f_1}\times 100\%$$

式中，f_1——测试带标准频率，单位为 Hz；

f_2——测试带放音频率（测量频率值，取两次测量的较差值），单位为 Hz。

6. 与标准的比较

参照表 3.3，标准规定带速误差最低要求为不劣于 ± 3%。根据测量结果和比较结果，参照表 3.1，判定不合格类别。

6.4.3　抖晃率测量操作指导书

1. 测量仪器及要求

（1）抖晃仪

频率范围：0.1 ~ 200Hz。

测量频率：3150Hz。

指示方式：计权峰值。

读数方式：20 测量方式。

计权特性：见 GB/T 2018—1987《磁带录音机测量方法》中的表 1 和图 1。

（2）抖晃测试带

抖晃测试带要求参见 GB/T 2018—1987《磁带录音机测量方法》附录 A。

2．测量电路

抖晃率测量接线示意图如图 6.5 所示。

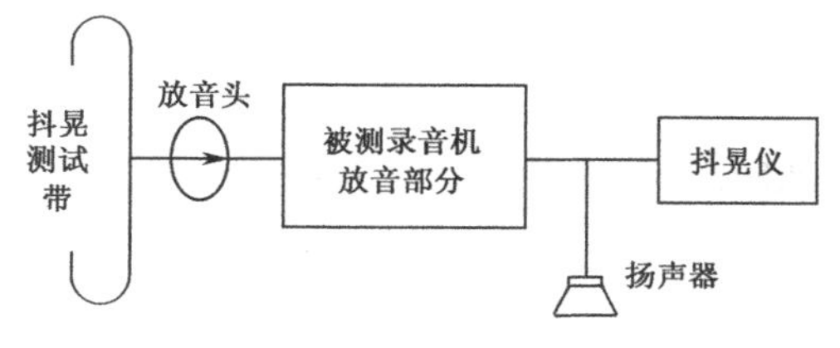

图 6.5　抖晃率测量接线示意图

3．测量方法和步骤

抖晃率采用放音法测试，测试步骤如下。

① 将抖晃测试带放在被测录音机上放音，输出接至抖晃仪上。

② 分别在测试带带头、带尾两处进行放音，直接从抖晃仪上读出抖晃率（我国取计权峰值）。

4．注意事项

从抖晃仪上读到的是计权峰值。计权峰值指考虑到人的主观听觉特性的频率响应而做听觉补偿后所测得的数值。听觉补偿是通过计权网络得到的。实际测试时，计权网络已安装在抖晃仪中，测量时能直接由抖晃仪测出峰值计权抖晃率。

5．结果表达

抖晃率直接从抖晃仪上读出。

6．与标准的比较

参考表 3.3，标准规定录音机抖晃率最低要求为不劣于 ± 0.5%（计权峰值）。根据测量结果和比较结果，参考表 3.1，判定不合格类别。

6.4.4　全通道信噪比测量操作指导书

信噪比可按下式计算：

$$信噪比（S/N）=20\lg\frac{U_S}{U_N}$$

式中，U_S ——输出信号电压，单位为 V；

U_N ——噪声电压，单位为 V。

1. 测量仪器及要求

（1）音频信号发生器

频率范围：20Hz～20kHz。

幅度误差：不劣于±1dB。

频率误差：不劣于±2%，±1Hz。

调波失真：≤0.5%。

输出阻抗：≤600Ω。

（2）示波器

频率范围：10Hz～200kHz。

输入电阻：≥500kΩ。

输入电容：≤30pF。

（3）电子毫伏表

测量范围：1mV～100V 满度。

频率响应：（20Hz～20kHz）±3%，（20Hz～200kHz）±7.5%。

测量误差：±2.5%。

输入电阻：≥500kΩ。

输入电容：≤40pF。

（4）基准带

基准带要求参见 GB/T 2018—1987《磁带录音机测量方法》附录 A。

（5）A 计权网络

A 计权特性应符合 IEC651 号标准规定。

2. 测量电路

全通道信噪比测量连线示意图如图 6.6 所示。

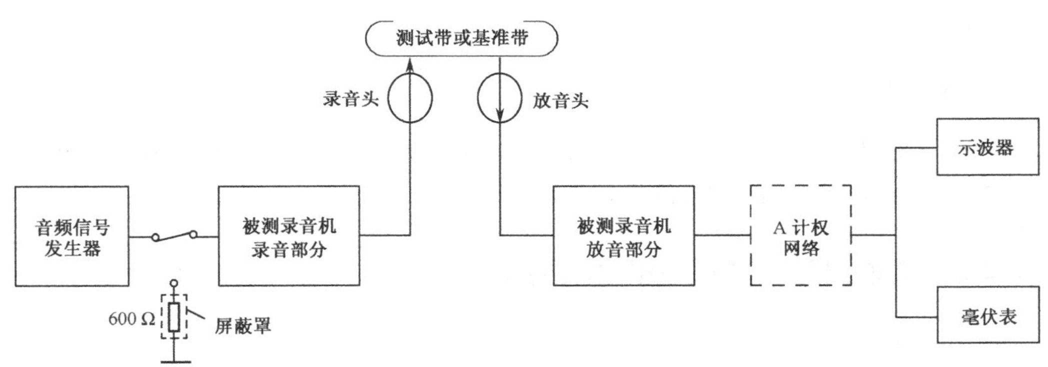

图 6.6　全通道信噪比测量连线示意图

3．测量方法和步骤

① 将录、放音放大器分开的录音机调到额定录、放音状态，将录、放音放大器合一的录音机调到额定放音状态。具体做法如下。

a．将基准磁平测试带装入被测录音机中放音。

b．调节放音电位器（音量电位器）使输出电压为放音额定值。这时称录音机处于额定放音状态。

在下面的步骤中，应保持音量电位器位置不变（使录音机处于额定放音状态）。

c．取出基准磁平测试带，装入空白测试带（基准带）。

d．按图 6.6 连接电路。

e．对录音放大器输入参考频率的额定电平信号，调节录音放大器，使基准带上记录信号达参考磁平，即使录音机处于额定录音状态。

② 调节音频信号发生器，以参考频率、参考磁平对基准带进行录音，然后将所录信号放音，记录输出电平值。

注：对额定录音状态无具体规定的，可将录音机置于录音状态以参考频率、参考磁平对基准带进行录音，然后将所录信号放音，观察放音时输出电平的大小，并与该机额定输出电平比较，如果达不到额定值，则反复调整音频信号发生器输出信号的大小，直到录音机录音信号重放后输出电平达到额定值，记录输出电平值。

③ 输入端改接屏蔽良好的 600Ω电阻，对已录部分录音信号进行抹音，然后倒回放音。测量放音时的输出噪声电平（dB）或噪声电压（V）。

4．注意事项

① 用电平表示的值称为额定输出电平。该额定值可按下面的公式计算：

$$U=\sqrt{PR}$$

式中，U——额定输出电压，单位为 V；

P——录音机额定输出功率，单位为 W；

R——录音机负载阻抗，单位为Ω。

为了方便，在测试中，通常不去读毫伏表上的电压刻度，而直接读毫伏表上的分贝刻度。0dB=0.775V，与额定电压值（V）对应的电平值即为额定输出电平。

② A 计权网络在测量放音输出噪声电平时才加上。

③ 使用交流电源的录音机，测量信噪比时应改变电源极性，取两次测试中的较差值。

5．结果表达

① 额定放音输出电平与噪声输出电平之差，即为该录音机的全通道信噪比，用 dB 表示。

② 如果测试中读取的是电压值，则应将输出电压和噪声电压按下列公式计算信噪比。

$$信噪比（S/N）=20\lg\frac{U_S}{U_N}$$

6. 与标准的比较

参考表 3.3，标准规定盒式录音机全通道信噪比最低要求为 28 ~ 31dB。根据测量结果和比较结果，参考表 3.1，判定不合格类别。

6.4.5 全通道谐波失真测量操作指导书

1. 测量仪器及要求

（1）音频信号发生器

技术要求同 6.4.4 节中相关内容。

（2）失真度测量仪

频率范围：20Hz ~ 20kHz。

测量范围：1% ~ 10%满度。

准确度：±5%。

输入电阻：≥500kΩ。

输入电容：≤30pF。

（3）200Hz 高通滤波器

截止频率：200Hz。

阻带衰减率：每倍频程衰减 24dB 以上。

2. 测量电路

全通道失真度测量连线示意图如图 6.7 所示。

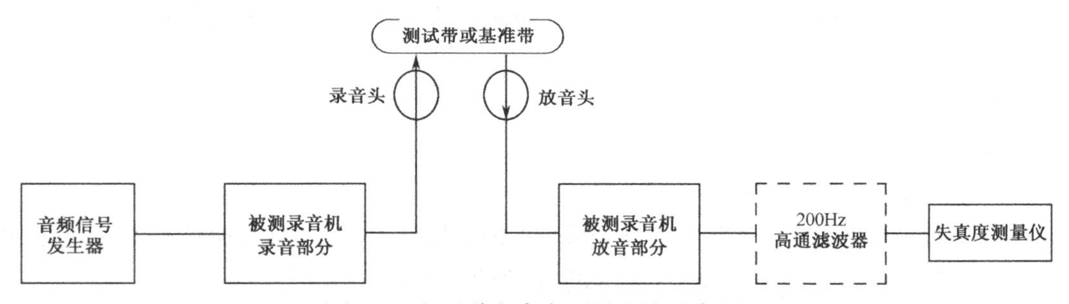

图 6.7　全通道失真度测量连线示意图

3. 测量方法及步骤

① 按图 6.7 所示连线示意图连线。当谐波失真测试受低频干扰严重时，允许加高通滤波器。

② 将录、放音放大器分开的录音机调到额定录、放音状态，将录、放音放大器合一的录音机调到额定放音状态（详见全通道信噪比测量步骤①）。

③ 在被测录音机带仓内放入基准带，以参考频率、参考磁平对基准带进行录音。

④ 放所录信号，调整失真度测量仪并读出失真度测量仪的读数，该读数即为被测录音机的全通道谐波失真度。

4．结果表达

全通道谐波失真度从失真度测量仪上直接读出。

5．与标准的比较

参考表 3.3，标准规定盒式 C 级机全通道谐波失真度不大于 7%。根据测量结果和比较结果，参考表 3.1，判定不合格类别。

6.4.6　全通道频率响应测量操作指导书

1．测量仪器及要求

测量仪器有音频信号发生器、毫伏表、示波器和基准带，技术要求同 6.4.4 节中相关内容。

2．测量电路

全通道频率响应测量连线示意图如图 6.8 所示。

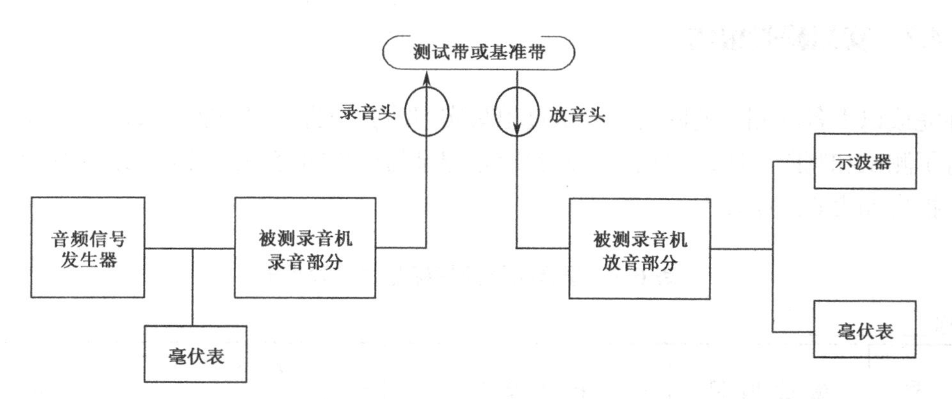

图 6.8　全通道频率响应测量连线示意图

3．测量方法和步骤

① 参考全通道信噪比测量步骤①，使录音机处于额定放音状态。

② 调节音频信号发生器，以参考频率及-20dB 电平，对被测录音机录音。

③ 保持音频信号源的输出电平恒定，录下表 6.2 中规定的各频率的信号。各种信号录音时间自定。

④ 将上述已录磁带进行放音，并测量各频率的输出电平（以 315Hz 的输出电平为基准），记录数据，填写表 6.2。

表 6.2　频率响应测量记录表

频率（Hz）	40	63	80	125	250	315	500	1000	4000	6300	8000
频响（dB）											

4．注意事项

① 如果测试中读取的是电压值，则应按下面的公式换算成分贝值：

$$\text{频响（dB）}=20\lg\frac{U}{U_{315}}$$

② 测试具有自动电平控制电路的录音机时，应按录放输出比额定输出低 10dB 来选定录音电平。

5．结果表达

先确定频响最高点，再找出与之相差 6dB 的两个频率点，即为 f_2 和 f_3；找出与最高点相差 8dB 的两个频率点，即为 f_1 和 f_4。

6．与标准的比较

一般将上述结果与产品标准中规定的频响范围相比较，做出合格与否的判定。

6.4.7　实习检验报告

在完成以上各项测试的同时，应认真填写实习检验报告。因为实习仅对整机部分性能指标进行了测试和判断，所以本报告将检验原始记录与报告内容一并列出。录音机性能指标测试检验报告如表 6.3 所示。

表 6.3　录音机性能指标测试检验报告

产品名称__________

序　号	检 验 项 目	技 术 要 求	测 量 结 果			检 验 结 论
			#1	#2	#3	
1	带速误差	≤±3%				
2	抖晃率	≤0.5%				
3	全通道信噪比	≥31dB				
4	全通道谐波失真	≤7%				
5	全通道频率响应	产品技术条件规定				

检测：__________　记录：__________　检验日期：__________

本章小结

为建立和保持电子产品检验实习过程控制的质量管理体系，以保证电子产品检验实习活动的质量，本章制定了电子产品检验实习质量审核程序及操作指导书。

习题 7

1．熟练使用检验环境包括哪些具体内容？

2．请参考第 3 章及相关资料，以 3.3 节的形式，编制一份检验操作指导书，测试项目为调幅收、录音机性能指标——单信号选择性。

第7章

电子产品检验质量记录

质量检验和试验的结果以取得的质量数据（测定值）的统计计算结果为依据。因此，所取得的质量数据是否符合实际，对数据的处理方法是否合适等，将直接影响检验结果表达的正确性和有效性。所以，检验数据的处理以及检验结果的判定和表示是质量检验和试验工作中一个很重要的问题。

7.1 检验误差知识和数据处理

检验过程中，检验人员要如实记录原始数据。所有项目检验结束后，检验人员要对所测数据进行处理，分析误差原因，对检验结果做出正确的判定，按检验报告编制要求编写检验报告。

在产品检验中，由于受检验方法、仪器设备、环境条件、所用材料以及检验人员素质等条件的限制，检验结果不可能和真实值完全一致；即使是技术很熟练的检验人员，用最完善的检验方法和最精密的仪器设备，对同一样品进行多次测试，其结果也不会完全一致。这说明客观上存在着不可避免的误差。作为测试人员，必须掌握误差基本知识，能对原始数据进行科学的分析和处理，正确评价误差对测试结果的影响，从而得出客观的试验结论。

7.1.1 误差及其分类

误差是测量值与真值之差。所谓真值，是指一个量本身所具有的真实大小。真值指的是质量特性的确切数值，是一个理想的概念。在实际测量中，由于人们对客观规律认识的局限性、测量条件和测试手段等的不理想等，使得真值不可能被准确知道。因此，常用“约定真值”来代替真值。约定真值又称“实际值”，一般指用满足规定条件下准确度要求的数值来代替真值或高一级标准仪器的测量值。测量值与真值的差称为误差，如果测量值大于真值，误差为正，反之为负。

根据误差的性质和产生的原因，可将误差分为系统误差、随机误差和过失误差三类。

1. 系统误差

系统误差指在相同条件下多次测量同一量时，误差的绝对值和符号保持恒定，或在条件改变时按某种确定规律变化的误差。

系统误差具有以下特点：大小、方向固定或有确定的规律，一般可进行修正或消除，与测量次数无关。

造成系统误差的原因很多，常见的有：测量设备及仪器结构不合理、不完善或年久老化、失准失灵等引起的仪器误差，由检验所用材料等不符合标准而引起的材料误差，由检验人员主观因素和操作技术引起的人员误差，由实际环境（如气压、温度、湿度、电磁场、振动等）与规定条件不一致引起的误差，由于检验方法不完善所造成的方法误差等。

系统误差对检验结果的影响较大。在实际工作中可采取校正仪器、对照试验、改进试验方法、选购合格的原材料、严格按规定操作等措施，消除和削弱系统误差对测试结果的影响。

2. 随机误差

随机误差是指在相同条件下多次测量同一量时，误差的绝对值和符号以不可预定的方式变化的误差。

随机误差的特点是：在相同测试条件下，重复多次测定同一量时误差的绝对值和符号的变化或大或小，或正或负，从表面上看毫无规律性，但从总体上看，小的误差出现的机会多，正、负误差的数目相等，误差绝对值不超过某一界限，即具有统计规律。

随机误差主要是由一些偶然因素造成的，如检验过程中的振动、空间杂散的电磁波干扰、温度或电压的波动等，即由那些对测量值影响微小又互不相关的多种因素共同造成。

由于在足够多次测量的总体上，随机误差服从统计的规律，所以可以用数理统计的方法对随机误差进行处理。在实际测量中，采用多次测量取平均值的方法一般能有效地消除或削弱随机误差对测试结果的影响。

3. 过失误差

过失误差一般是由于检验人员粗心大意或者明知故犯造成的误差。

过失误差属责任事故，它使得测试结果明显偏离真值，这种测试结果应剔除不用。过失误差严重影响检验工作。粗心大意型过失误差一般是由于看错图、读错数等造成的，检验人员并未意识到。明知故犯型过失误差常由以下两种原因造成，应引起重视。

一是管理上引起的检验人员明知故犯的误差。这类误差通常是由于管理部门对检验工作不重视，没有对检验事故及其责任者进行认真处理，不重视仪器设备建设等造成的；另外也有极个别的明知故犯型过失误差是因管理人员命令检验人员篡改原始记录和检验报告而产生的。二是检验人员明知故犯的误差。这类误差也有多种形式，如检验人员受到各种压力所为，检验人员为了省力省事而为，有的检验人员在没有做检验的情况下编写假报告等。

减少明知故犯型误差可以采取加强管理人员和检验人员的质量意识教育和职业道德教

育，加强对检验部门的管理，经常进行复核检验，发现弄虚作假时严肃处理。

根据上述三种类型误差的分析，可以认为过失误差是应该也是可以避免的，系统误差可以通过检定予以修正或采用适当方法消除，随机误差是可以控制的。只有这样，检验数据才是可靠的。

7.1.2 误差表示方法

1. 准确度与误差

准确度是多次测量值的平均值与真值的接近程度。而误差是测量值与真值之差。因此，误差愈小，准确度愈高。准确度反映了系统误差和随机误差的综合效应。准确度可以用绝对误差和相对误差来描述。

（1）绝对误差

$$\text{绝对误差}=\text{测量值}-\text{真值}$$

（2）相对误差

为了反映测量不同量的准确程度，引入相对误差概念。

$$\text{相对误差}=\frac{\text{绝对误差}}{\text{真值}}\times 100\%$$

误差较小时，

$$\text{相对误差}\approx\frac{\text{绝对误差}}{\text{测量值}}\times 100\%$$

2. 精密度与偏差

精密度（又称精度）是重复测量所得数值之间相互接近的程度。精密度表示一组测量值对其中心值的离散程度。它反映了随机误差的大小。精密度有重复性和再现性之分。

重复性是指用同一试验方法对同一材料在相同的条件下获得的一系列结果之间的一致程度。相同的条件是指同一试验室、同一操作者、同一设备和短暂的时间间隔。

再现性是指用同一方法对同一材料在不同的条件下获得的单个结果之间的一致程度。

精密度一般用偏差来表示。偏差越小，说明检验结果的精密度越好。偏差有绝对偏差、相对偏差和标准偏差。

（1）绝对偏差

$$\text{绝对偏差}=\text{测量值}-\text{测量平均值}$$

对于一组测量值来说，其平均绝对偏差为

$$\overline{\Delta x}=\frac{1}{n}\sum_{i=1}^{n}|x_i-\bar{x}|$$

式中，n——测量次数；

x_i——某一测量数值；

$\bar{x}$——n 次测量的平均值。

（2）相对偏差

$$相对偏差=\frac{绝对偏差}{平均值}\times 100\%$$

一组测量值的平均相对偏差为

$$平均相对偏差=\frac{平均绝对偏差}{平均值}\times 100\%$$

（3）标准偏差

有时平均相对偏差还不能反映精密度的好坏，常用标准偏差来衡量精密度。标准偏差一般由下式给出：

$$S=\sqrt{\frac{1}{n-1}\sum_{i=1}^{n}(x_i-\overline{x})^2}$$

式中，S——测量次数有限时的标准偏差；

n——测量次数；

x_i——某一测量数值；

$\overline{x}$——n 次测量值的平均值。

如何确定测试方法的精密度可参考相关标准。

3．正确度

有时，人们用正确度来表示测量结果与真值的符合程度。在足够多次测量下，对测量结果取算术平均值后，系统误差是造成结果偏离真值的主要原因。因此，正确度反映系统误差的影响，系统误差越小，正确度越高。

4．正确度和精密度的关系

正确度反映系统误差的影响，系统误差越小，正确度越高；精密度用来表示测量的重复性，反映了随机误差的影响。在测量中我们既要有较高的正确度，又要保证精密度好，即保证测量的准确度高，只有这样，才能得到可靠的检验结果。

7.1.3　数据处理

作为检验人员，应具备对检验所得的数据计算、整理，按照技术标准要求做出判定的基本能力。

1．有效位数

在检验过程中，由于检验方法、仪器设备和人们感官分析能力的限制，测量中只能读取一定位数的数字。那么，记录数据和计算结果应该保留几位数字呢？为了确切表达测量结果的位数，这里给出有效位数的概念。

一个数据，从它左边不为零的第一个数字起到最后一位的所有数字，称为有效数字。有效数字的位数即有效位数。有效位数反映了该数据测量误差的大小，即测量结果的误差在最后一位有效位上的半个单位之内。例如，5.8,0.45,0.012 均为两位有效位。而以若干个零结尾的数值，应注意它的无效零。如 24 000，如果有两个无效零，则为三位有效位，应该写为 240×10^2；若有三个无效零，则为两位有效位，应写为 24×10^3。

检验工作中确定有效位数的方法应依据 GB/T 8170—1987《数值修约规则》的规定。该标准规定：标准中数值的有效位数应全部写出。标准中标明的数值，必须反映出所需的精确度。试验结果数据应与技术要求量值的有效位数一致。我们可以根据产品标准中所列数值的有效位数，按上述方法，恰当确定记录和计算过程中数值的有效位数。

读取和记录测量数据时，一般按仪器的最小分度值来读数。对于那些需要做进一步运算的数值，则应在按最小分度值读取后再估读一位。读数时，小数末尾的零不能随意取舍。

2. 计算过程中有效位数的选择

加减：几个数相加或相减时，以小数部分位数最少的一数为准，其余各数均修约成比该数多一位，然后运算。

乘除：几个数相乘或相除时，以有效位数最少的一数为准，其余各数均修约成比该数多一位，然后运算。

乘方或开方：原数有几位有效位数，计算结果就保留几位。若还要参加运算，则应多保留一位。

常数：对于如 π, e 或分数等视为无限有效。计算过程中可根据需要确定有效位数。

3. 数值修约规则

当有效位数确定后，对有效位数之后的数字要进行修约处理。修约按照相关国家标准进行，现概括如下。

（1）进舍规则

进舍规则概括为如下口诀：四舍六入五考虑，五后非零则进一，五后皆零视奇偶，五前为偶应舍去，五前为奇则进一。

例如，将下列左边数字修约为三位有效数字，结果如右边所示。

3.246 1→3.25　　0.518 3→0.518　　8.725 01→8.73

注意，当修约位后一位为五，且五后皆为零时，应该看五前数的奇偶性，如果前面为奇数，则进上一位；若为偶数，则舍去该位。

例如，将下列左边数值修约为三位有效位，结果如右边所示。

13.45→13.4　　0.231 500→0.232

（2）负数修约

负数修约规则是先将负数的绝对值按上述方式进行修约，再在修约值前面加上负号。

（3）避免连续修约

拟修约数值应在确定修约位数后一次修约得到结果，不得多次按上述规定连续修约。例如，3.154 566 要求三位有效位数时应为 3.15。不正确的做法是 3.154 566→3.154 57→3.154 6→3.155→3.16。

有时测试部门先将获得的数值按指定的修约位数多一位或几位报出，而后由其他部门判定。为避免产生连续修约的错误，要求在报出数值最右的非零数字为 5 时，在数值后加“(+)”或“(-)”，以表明已进行过舍、进；不加时，表明未舍、进。例如，24.50（+）表示实际数大于 24.50，经修约舍弃成为 24.50。

（4）半个单位及 0.2 单位修约

半个单位及 0.2 单位修约表示修约在要求的数值的整数倍系列中选取。由于篇幅所限，具体办法这里不再赘述。

4. 数值计算方法

在各种检验中通常不会只取一个测量结果，一般都要取两个测量结果，有时还会更多。下面简单介绍一下对结果进行计算和整理的一般方法。

（1）剔除异常值

在多次测量获得的数据中，有时会出现一个或几个偏差过大的数值，这种数值称为异常值。在对测量数据计算之前，必须剔除异常值。异常值必须按技术标准规定的方法加以剔除。如果标准中未做规定，则应借助统计分析方法来加以判别。

（2）平均值

平均值是多次测量结果所得数值的总和除以测量次数所得的商。平均值能较好地反映数值的集中倾向。一般的检验工作大多采用多次测量求平均值的计算方法。

$$\bar{x}=\frac{1}{n}\sum_{i=1}^{n}x_i$$

式中，$\bar{x}$——平均值；

n——测量次数；

x_i——某一测量数值。

除求平均值外，还有求中位数、极差、变异系数等特殊的数值计算方法。

5. 最终测量结果的确定

如果标准中给定了重复性标准差和再现性标准差，应按照产品标准或国家标准的规定检查所得数值和确定最终结果。

7.2 检验结果的判定

标准中规定考核的以数量形式给出的指标或参数，均规定了极限数值，即规定了最小极限值和（或）最大极限值，或以基本数值和极限偏差值的形式给出，它表示符合标准要求的数值范围的界限。

根据 GB/T 1250—1989《极限数值的表示方法和判定方法》的规定，在判定检测数据是否符合要求时，应将检验所得的测定值或其计算值与标准规定的极限数值做比较。比较的方法有全数值比较法和修约值比较法两种。

7.2.1 全数值比较法

标准中各种极限数值（包括带有极限偏差值的数值）未加说明时，均指采用全数值比较法。

全数值比较法是：将检验所得的测定值或其计算值不经修约处理（或按 GB/T 8170—1987 做修约处理，但应表明它是经舍、进或未舍、进而得），而用数值的全部数字与标准规定的极限数值做比较，只要有越出规定的极限数值（不论越出程度大小），都判定为不符合标准要求。全数值比较法示例如表 7.1 所示。

表 7.1 全数值比较法示例表

极 限 参 值	测定值或其计算值	修 约 值	是否符合标准要求
≥36×10	355	36×10（－）	不符
≤2.0	2.05	2.0（＋）	不符
0.60～0.90	0.905	0.90（＋）	不符
3.0±0.5	2.46	2.5（－）	不符

7.2.2 修约值比较法

凡标准中规定采用修约值比较法的，应采用修约值比较。

该方法是：将测定值或其计算值按 GB/T 8170—1987 进行修约，修约位数与标准规定的极限数值书写位数一致，然后将修约后的数值与标准规定极限数值进行比较，以判定实际指标或参数是否符合标准要求。修约值比较法示例如表 7.2 所示。

表 7.2 修约值比较法示例表

极 限 参 值	测定值或其计算值	修 约 值	是否符合标准要求
≥36×10	355	36×10（－）	符合
≤2.0	2.05	2.0（＋）	符合
0.60～0.90	0.905	0.90（＋）	符合
3.0±0.5	2.46	2.5（－）	符合

7.2.3 两种方法的比较和选用原则

由上述示例可以看出，全数值比较法比修约值比较法严格些。在一般的检验工作中，建议按下述原则确定对检测结果的判定方法。

对附有极限偏差值的数值，以及涉及安全性能指标、计量传递指标和其他重要指标的数值，应优先采用全数值比较法。选用全数值比较法时，应考虑仪器的分辨率和精确度。

对于那些使用精度要求不高的产品，或虽然要求较高，但已有充分的测试和计量精度来保证的产品，可优先选用修约值比较法。

7.3 电子产品检验质量记录

质量记录是质量体系文件的基础组成部分，它是质量活动的真实记载，是对满足质量要求的程序提供的客观依据，是反映产品质量及质量体系运作情况的记载。检验过程中产生的检测数据记录、仪器设备使用状况记录以及编制的检验报告等均属质量记录。

7.3.1 检验质量原始记录

原始记录是检验活动的第一手材料，原始记录是否真实、可靠、完整，直接影响检验工作的质量。

质量原始记录指按规定要求，采用规范化表格，对生产过程中的各类特性所做的记录。质量原始记录一般包括：原材料、外购件、外协件检验记录，生产过程中的各项检验记录，成品检验记录，不合格处置记录（如返工、返修、报废等），以及企业规定的其他记录。这里，简单介绍电子产品整机主要电性能指标检验常用的原始记录。

1．填写要求

① 必须由检验人员现场填写，不得誊写、追记或补贴。
② 不允许随意更改，更不允许伪造。
③ 用纯黑墨水笔填写，字迹清晰，记录完整。
④ 使用法定计量单位，应按规范书写。
⑤ 应保证填写的内容具有可追溯性。
⑥ 检验记录人员应在原始记录上签名或盖章。

2．填写内容格式

原始记录表由封面和内页组成。封面包括以下内容：产品名称、规格、型号、检验编号、生产企业等。原始记录封面格式如表 7.3 所示。

表 7.3　原始记录封面

检验编号：×××××××××

检测原始记录

××××电子有限责任公司

内页一般应有下列内容（原始记录内页如表 7.4 所示）：

① 检验依据的名称、代号及要求。

② 试前检查，含样品状况、标识标志、包装情况。

③ 检测内容，含被测件名称、计算公式、测试数据、检验结果。

④ 环境条件（温、湿度，气压等）。

⑤ 检验主要测量设备名称、编号、计量有效期（一般单独一页，放在整个原始记录的后面）。使用设备仪器清单如表 7.5 所示。

⑥ 检验人员、校核人员签名。

注意：有些检验项目的原始记录要求以表格形式填写测量数据，这时要依照以上内容格式自行编制原始记录表格。

表 7.4　原始记录内页

检测原始记录

产品名称、样品编号________________　规格型号________________

检验依据________________　检验仪器________________

检验环境________________　检验日期________________

序　号	检验项目	单　位	技术要求	检验结果		
				#1	#2	#3

检测地点________________　测试员________________

表 7.5　使用设备仪器清单

序　号	名　称	规格型号	设备仪器编号	计量有效日期	备　注

3. 原始记录填写注意事项

序号：按阿拉伯数字顺序填写。

检验项目：依据检验规范工艺手册规定的检验项目填写，如本次实习检验项目按顺序为有限增益灵敏度、频率范围、整机电压谐波失真、最大有用功率、带速误差、抖晃率、全通道失真、全通道频响、全通道信噪比共 9 项。有时需要试前检查，可在其他测试项目之前序号为 1 的测试项目上填写“试前检查”内容。

检验依据及技术要求：每项测试项目的技术要求，如试前检查的依据及要求即为样品状况、标识标志、包装情况等。

检验结果：测试项目能得出数值的写出数值，如测量全通道信噪比的数值大小；某些功能检查或用图形曲线表示的检验结论，填写“符合”或“不符合”。样品 1, 2, 3 分别指按规定抽样出来的 3 个样品的情况，也可以根据实际样品的多少进行细分。

检验环境：测试时的环境温度和湿度。

4. 原始记录的修改

① 原始记录的更改应由进行该项检验工作的检验人员实施。

② 测量数据应该写在表格的下半部，发现数据有错时，应以横线记号“—”加于错误数据上以示作废，但应仍能辨别作废数据。在被改数据上部填写改正的数据，如下所示。

1235
~~1234~~

③ 其他内容的更改方法同数据更改方法。

④ 作废数据及原始记录中更改内容应由更改人在更改处加盖私章，以示负责。

5. 原始记录的校核

校核人员应检查以下内容：

① 各项记录填写是否正确、规范。

② 原始记录、资料是否完整。

③ 计算和数据处理是否正确。

④ 检验依据引用是否正确。

⑤ 测量设备的选用是否正确和有效，环境条件是否符合要求。

⑥ 检验结果是否正确。

⑦ 计量单位、术语符号是否规范。

经校核确认无误后签名表示负责。发现问题应及时纠正，若有疑问，应组织检验人员复检。解决不了的重大技术问题应报告技术负责人解决。

7.3.2 检验报告

检验报告是产品检验工艺文件的基础组成部分，它是检验活动的真实记载，是对满足检验质量要求的程序提供的客观证据。

在检验过程中，检验人员要如实记录原始数据。所有项目检验结束后，检验人员要对所测数据进行处理，分析误差原因，对检验结果做出正确的判定，按检验报告编制要求编写检验报告。

1. 检验报告的格式

不同的企业，检验报告的格式和内容不尽相同，但基本要素相同，一般应包括以下几个部分。

（1）报告封面

报告封面应包括企业名称、检验编号、产品名称、商标型号等内容。

（2）报告首页

报告首页应包括生产日期、检验类型、抽样方式、检验日期、依据标准、检验概况、结论（合格或不合格）、主检、审核、批准等内容。

（3）报告附页

报告附页内容包括检验项目、标准要求、检验结果、单项结论、检测人员（签名或盖章）。

检验报告封面、首页、附页如表7.6～表7.8所示。

2. 检验报告的编制

（1）编制原则

- 检验报告封面、首页、附页内容及格式应统一，严禁涂改。
- 正式报告一式两份或四份。
- 报告签名一律用碳素墨水笔手写。
- 检验人员依据所检项目标准要求，根据原始记录，按规定格式编制检验报告。
- 报告附页按检验项目顺序编制，要求内容清楚、词语简练、判据正确、数据准确，使用法定计量单位，不允许有错别字。
- 报告中不允许有空项，若某项目不存在或未提供，可在有关栏内用斜线（/）表示，不允许出现“同左”、“同前”等字样。
- 编制好的报告签名后连同所有原始记录及相关技术资料一并交审核人员审核。
- 检验人员接到退回的不符合要求的检验报告后应按要求尽快改正。

（2）编制方法

① 检验报告首页主要项目的填写方法如下。

依据标准：直接填入依据的国家标准、行业标准、企业标准的编号或相关的产品技术条件。

检验概况：填写检验的主要项目及检验状况，如依据××标准（或产品性能指标）对××产品进行了××测试。

检验结论：填写“合格”（或“不合格”）、“所检项目符合标准要求”（或“所检项目不符合标准要求”），并加盖检验专用章。

② 检验报告附页填写方法如下。

序号：按阿拉伯数字顺序填写。

检验项目：依据检验规范工艺手册规定的检验项目填写，如本次实训检验项目按顺序分别为收音机接收频率范围、中频频率、电压谐波失真、信噪比，录音机带速误差、放音频率响应、待机噪声、串音、抹音率，激光唱机基准输出电压、失真加噪声、频率响应、频率误差共13项。

检验标准要求：每项测试项目的技术要求要点，如全通道信噪比项目的标准要求即为“28～31”，单位为dB。

单位：测试结果的单位。如全通道信噪比项目测试单位即为“dB”。

检验结果：测试项目能得出数值的写出数值，如测量全通道信噪比的数值大小；某些功能检查或用图形曲线表示的检验结论，填写“符合要求”或“不符合”要求。

单项结论：通过测试结果与标准的比较，填写“合格”或“不合格”等字样。

表7.6　检验报告封面

××检字第　　　　　　　　　　号
检　验　报　告
产品名称__________ 商标型号__________
××××电子有限责任公司

表 7.7　检验报告首页

××××电子有限责任公司

检 验 报 告

共　　页第　　页

样品名称		规格型号	
抽样方式		样品数量	
生产日期		检验日期	
依据标准			
检验概况			
检验结论	（检验专用章） 年　　月　　日		
备注			

批准：＿＿＿＿＿＿　检测：＿＿＿＿＿＿　记录：＿＿＿＿＿＿

表 7.8　检验报告附页

××××电子有限责任公司

检验报告附页

共　　页第　　页

序　　号	检 验 项 目	检验标准要求	单位	检验结果	单项结论

检测：＿＿＿＿＿＿　记录：＿＿＿＿＿＿　检验日期：＿＿＿＿＿

3. 检验报告的审核、审批

检验报告由报告审核人审核，由单位技术负责人（如总工等）审批。

（1）报告审核人审核

① 报告审核人收到检验报告后，应按以下内容审核。

- 检验依据是否正确，是否正确地执行标准，检验流程和测试方法是否符合标准要求。
- 检验报告的格式、内容是否完整、规范、正确。
- 原始记录书写、更改及签名是否符合规定。
- 计量单位是否正确。
- 结论用语是否确切。

② 审核合格，审核人在审核合格的报告上签字，交技术负责人。

③ 对于审核不合格的报告，审核人填写不合格记录并转交检验人员处理，检验人员按编制原则第 8 条执行。

（2）技术负责人审批

① 技术负责人接到递交的检验报告后，应对以下内容进行审核。

- 有无技术问题，报告是否完整。
- 各责任人签字、盖章是否符合要求。

② 在审核合格的报告上签字并填写报告审核记录后，转交印章管理员加盖检验专用章。正式报告一般四份，一份留检验部门存档，另外三份发到技术部门、生产线和资料室。

③ 对于审核不合格的检验报告，技术负责人填写报告审核记录不合格内容，退交报告审核人。

④ 报告审核人根据不合格内容执行相关程序改正，并填写报告审核记录改正情况。

技术负责人外出时，根据报告类别可由其他质量负责人审批签发。

4. 检验报告的修改、补充

① 若检验报告发出后某些地方需要修改、补充、更正，只能以新的检验报告形式提供。新的检验报告可以是原检验报告的补充件；也可根据情况重新出具报告，同时将原报告作废收回。新的报告编号为原编号加 A,B,C 等，新的报告要在备注栏内注明与原报告的关系。

② 提供新的检验报告依编制原则执行。

7.3.3 仪器设备、测试工装使用状况记录

作为检验质量记录的组成部分，仪器设备、测试工装使用状况记录由“仪器设备、测试工装使用管理记录”和“仪器设备、测试工装故障及维修记录”两部分组成。

1. 仪器设备、测试工装使用管理记录

如表 7.9 所示，该记录必须由检验人员现场填写，不得誊写、追记或补贴；不允许随意

更改，更不允许伪造；用纯黑墨水笔填写，要求字迹清晰，记录完整。

表 7.9　仪器设备、测试工装使用管理记录

仪器设备、测试工装名称 ______________________　型号 ____________

仪器设备、测试工装编号 ______________________　保管人 ____________

日　期	用　　途	实际使用时间	设 备 状 态	使　用　人	备　　注

注：实际使用时间以设备实际开机时间为准，单位为 h。

注意：按照表格要求如实填写，其中“用途”一栏填写所用仪器设备的测试项目；“实际使用时间”一栏以仪器设备实际开机时间为准，单位为 h；“设备状态”一栏填写“完好”、“正常”或“故障”等。

2. 仪器设备、测试工装故障及维修记录

如果使用的仪器设备、测试工装在测试中出现故障，在填写完“仪器设备、测试工装使用管理记录”后应填写“仪器设备、测试工装故障及维修记录”，如表 7.10 所示。

该记录中“故障现象”一栏由使用人填写并签名，“故障原因”和“维修记录”栏由维修人员填写并签名，“验收确认”一栏由保管人员填写并签名。

表 7.10 仪器设备、测试工装故障及维修记录

仪器设备、测试工装名称____________ 型 号____________
仪器设备、测试工装编号____________ 保管人____________

使 用 人		日期	
故障现象	签 名： 年 月 日		
故障原因	签 名： 年 月 日		
维修记录	签 名： 年 月 日		
验收确认	签 名： 年 月 日		

7.3.4 电子产品检验实习质量记录

电子产品检验实习质量记录是检验实习过程的质量记录，它是为已完成的实习过程或达到的结果提供证据的文件。质量记录可提供检验产品满足技术要求程度的证明（如检验报告，见 6.3.7 节及 6.4.7 节），还可提供质量管理体系下的电子产品检验实习有效运行的证据（如教学效果调查表）。

电子产品检验实习质量记录除了作为客观证据外，还是实现实习过程控制和持续改进实习质量的重要依据。

电子产品检验实习质量记录可参考使用的记录表格有：检测原始记录、检验报告、仪器设备使用管理记录、仪器设备故障及维修记录等。另外，为了解本课程教学效果，特制作了一份教学效果调查表，如表 7.11 所示。

检测原始记录、检验报告和教学效果调查表可汇集作为完整的电子产品检验实习质量记录。

表 7.11　教学效果调查表

课程项目	电子产品检验实习		
教　师		实习日期	
请您对课程给予评价			
1. 您对课程的看法：　超出设想 □　符合设想 □　低于设想 □ 2. 课程内容对您的帮助：　帮助很大 □　有些帮助 □　帮助不大 □ 3. 课程的逻辑性：　逻辑性强 □　一般 □　无 □ 4. 课程时间的长短：　适中 □　短 □　长 □ 5. 课程的难易性：　不易理解 □　能理解 □　听不懂 □			
请您对教师的授课效果予以评价			
1. 知识水平：　超出理想 □　符合理想 □　低于理想 □ 2. 表达能力：　好 □　一般 □　不好 □ 3. 课堂教学：　好 □　一般 □　不好 □ 4. 实际操作：　能力强 □　能力一般 □　较差 □			
您对本课程感兴趣的内容：			
您对本课程的意见和建议：			

班级________________　姓名________________　学号________________

本章小结

质量记录是质量体系文件的基础组成部分，是反映产品质量及质量体系运作情况的记载。检验过程中产生的检测数据原始记录、仪器设备使用状况记录以及检验报告等均属质量记录。

原始记录是检验活动的第一手材料，原始记录是否真实、可靠、完整，直接影响检验工作的质量。原始记录的填写、修改及校核要依据一定的要求和格式进行。

检验报告是产品检验工艺文件的基础组成部分，是检验活动的真实记载，是对满足检验质量要求的程序提供的客观证据。检验报告格式有基本的要求，检验报告的编制要依据编制原则和编制方法，检验报告的审核、审批要按照规定程序进行。

作为本次电子产品检验实习质量记录，可参考使用的记录表格有检测原始记录、检验报告、仪器设备使用管理记录、仪器设备故障及维修记录以及教学效果调查表等。

习题 7

1. 什么叫测量误差？它分哪几类？
2. 什么叫测量的准确度和精密度？如何表示其大小和程度？
3. 什么叫数值的有效位数？检验中如何确定数值的有效位数？
4. 什么叫数值修约？进舍规则是如何规定的？
5. 简述检验工作中的数值计算方法。
6. 检验结果的判定有哪些方法？各在什么情况下采用？
7. 质量记录的含义是什么？
8. 简述原始记录的重要性。
9. 简述检验报告的重要意义。
10. 试完成完整的电子产品检验实习质量记录。

附录 A

中华人民共和国行业标准代号

序　号	行业标准名称	行业标准代号	主 管 部 门
1	农业	NY	农业部
2	水产	SC	农业部
3	水利	SL	水利部
4	林业	LY	国家林业局
5	轻工	QB	国家轻工业局
6	纺织	FZ	国家纺织工业局
7	医药	YY	国家药品监督管理局
8	民政	MZ	民政部
9	教育	JY	教育部
10	烟草	YC	国家烟草专卖局
11	黑色冶金	YB	国家冶金工业局
12	有色冶金	YS	国家有色金属工业局
13	石油天然气	SY	国家石油和化学工业局
14	化工	HG	国家石油和化学工业局
15	石油化工	SH	国家石油和化学工业局
16	建材	JC	国家建筑材料工业局
17	地质矿产	DZ	国土资源部
18	土地管理	TD	国土资源部
19	测绘	CH	国家测绘局
20	机械	JB	国家机械工业局
21	汽车	QC	国家机械工业局
22	民用航空	MH	中国民航管理总局
23	兵工民品	WJ	国防科工委

续表

序 号	行业标准名称	行业标准代号	主管部门
24	船舶	CB	国防科工委
25	航空	HB	国防科工委
26	航天	QJ	国防科工委
27	核工业	EJ	国防科工委
28	铁路运输	TB	铁道部
29	交通	JT	交通部
30	劳动和劳动安全	LD	劳动和社会保障部
31	电子	SJ	信息产业部
32	通信	YD	信息产业部
33	广播电影电视	GY	国家广播电影电视总局
34	电力	DL	国家经贸委
35	金融	JR	中国人民银行
36	海洋	HY	国家海洋局
37	档案	DA	国家档案局
38	商检	SN	国家出入境检疫局
39	文化	WH	文化部
40	体育	TY	国家体育总局
41	商业	SB	国家国内贸易局
42	物资管理	WB	国家国内贸易局
43	环境保护	HJ	国家环境保护总局
44	稀土	XB	国家计发委稀土办公室
45	城镇建设	CJ	建设部
46	建筑工业	JG	建设部
47	新闻出版	CY	国家新闻出版署
48	煤炭	MT	国家煤炭工业局
49	卫生	WS	卫生部
50	公共安全	GA	公安部
51	包装	BB	中国包装工业总公司
52	地震	DB	国家地震局

续表

序　号	行业标准名称	行业标准代号	主 管 部 门
53	旅游	LB	国家旅游局
54	气象	QX	中国气象局
55	外经贸	WM	对外经济贸易合作部
56	海关	HS	海关总署
57	邮政	YZ	国家邮政局
注：行业标准分为强制性和推荐性标准。表中给出的是强制性行业标准代号，推荐性行业标准代号是在强制性行业标准代号后面加“/T”，例如农业行业的推荐性行业标准代号是 NY/T。			

附录 B

我国现行地方标准代码

名　称	代　码	名　称	代　码
北京市	110000	湖北省	420000
天津市	120000	湖南省	430000
河北省	130000	广东省	440000
山西省	140000	广西壮族自治区	450000
内蒙古自治区	150000	海南省	460000
辽宁省	210000	重庆市	500000
吉林省	220000	四川省	510000
黑龙江省	230000	贵州省	520000
上海市	310000	云南省	530000
江苏省	320000	西藏自治区	540000
浙江省	330000	陕西省	610000
安徽省	340000	甘肃省	620000
福建省	350000	青海省	630000
江西省	360000	宁夏回族自治区	640000
山东省	370000	新疆维吾尔自治区	650000
河南省	410000	台湾省	710000

附录 C

相关标准代号和名称

标准代号	标准名称
SJ/T 11179—1998	《收、录音机质量检验规则》
GB/T 9374—1988	《声音广播接收机基本参数》
GB/T 2846—1988	《调幅广播收音机测量方法》
GB/T 2019—1987	《磁带录音机基本参数和技术要求》
GB/T 2018—1987	《磁带录音机测量方法》
GB 8898—1997	《电网电源供电的家用和类似一般用途的电子及有关设备的安全要求》
GB/T 9384—1997	《广播收音机、广播电视接收机、磁带录音机、声频功率放大器（扩音机）的环境试验要求和试验方法》
GB 13837—1997	《声音和电视广播接收机及相关设备干扰特性允许值和测量方法》
GB/T 9383—1999	《声音和电视广播接收机及有关设备抗扰度限值和测量方法》
GB/T 13838—1992	《声音和电视广播接收机及相关设备辐射抗扰度特性允许值和测量方法》
GB/T 2828—2003	《逐批检查计数抽样程序及抽样表》
GB/T 2829—1987	《周期检查计数抽样程序及抽样表》
SJ/T 10320—1992	《工艺文件格式》
GB/T 4013—1995	《录音录像术语》
SJ 2778	《广播接收名词》
GB/T 14689—1993	《技术制图图纸幅面和格式》
GB/T 14690—1993	《技术制图比例》
GB/T 14691—1993	《技术制图字体》
GB/T 14692—1993	《技术制图投影法》
GB/T 131—1993	《机械制图表面粗糙度符号、代号及其注法》
GB/T 1182, 1184, 16671, 17773, 17851—1999	《形状和位置公差》

续表

标准代号	标准名称
GB/T 2097—1997	《彩色电视广播测试图》
GB/T 4312.1—1984	《调频广播发射机技术参数和测量方法 单声和立体声》
GB/T 4312.2—1984	《调频广播发射机技术参数和测量方法 立体声带附加信道》
GB/T 4312.3—1987	《调频广播发射机技术参数和测量方法 双节目》
GB/T 6163—1985	《调频广播接收机测量方法》
GB/T 6277—1986	《电视发射机测量方法》
GB/T 6933—1995	《短波单边带发射机电性能测量方法》
GB/T 6934—1995	《短波单边带接收机电性能测量方法》
GB/T 7264—1987	《投影式电视广播接收机测量方法》
GB/T 7396—1987	《电视差转机测量方法》
GB/T 7615—1987	《共用天线电视系统 天线部分》
GB/T 8382.1—1987	《调频广播差转机技术参数和测量方法 单声和立体声》
GB/T 8382.2—1987	《调频广播差转机技术参数和测量方法 立体声带附加信道》
GB/T 8382.3—1987	《调频广播差转机技术参数和测量方法 双节目》
GB/T 8578—1988	《调频接收机中间频率》
GB/T 9367—1988	《彩色广播电视接收机用回扫变压器总技术条件》
GB/T 9372—1988	《电视广播接收机测量方法》
GB/T 9376—1988	《中波和短波调幅广播发射机基本参数》
GB/T 9377—1988	《中波和短波广播发射机测量方法》
GB/T 9379—1988	《电视广播接收机主观试验评价方法》
GB/T 9383—1999	《声音和电视广播接收机及有关设备抗扰度限值和测量方法》
GB/T 10239—1994	《彩色电视广播接收机通用技术条件》
GB/T 11442—1995	《卫星电视地球接收站通用技术条件》
GB/T 12185—1990	《中波调幅广播激励器通用技术条件》
GB/T 12189—1990	《电视广播激励器通用技术条件》
GB/T 12281—1990	《彩色电视广播接收机与其他设备互连配接要求》
GB/T 12323—1990	《电视接收机与电缆分配系统兼容的技术要求》
GB/T 12449—1990	《以专用连接线方式互连的声音和电视广播发射设备与监控设备之间的接口》
GB/T 12503—1995	《电视机通用技术条件》

续表

标准代号	标准名称
GB/T 12566—1990	《声音和电视广播发射设备信号链接口》
GB/T 12857—1991	《电视广播接收机在非标准广播信号条件下的测量方法》
GB/T 13188—1991	《电视广播接收机机械式调谐器总技术条件》
GB 13837—1997	《声音和电视广播接收机及有关设备无线电干扰特性限值和测量方法》
GB/T 13953—1992	《隔爆型防爆应用电视设备防爆性能试验方法》
GB/T 14859—1993	《黑白电视广播接收机总技术条件》
GB/T 14960—1994	《电视广播接收机用红外遥控发射器技术要求和测量方法》
GB/T 15294—1994	《高保真调频广播调谐器最低性能要求》
GB/T 15609—1995	《彩色电视色度测量方法》
GB/T 15771—1995	《图文电视通道基本条件参数和测试方法》
GB/T 15864—1995	《电缆电视接收机基本参数要求和测量方法》
GB/T 15937—1995	《VHF/UHF 频段广播业务与移动和固定业务频率共用技术规定》
GB/T 17309.1—1998	《电视广播接收机测量方法 第 1 部分：一般考虑 射频和视频电性能测量以及显示性能的测量》
GB/T 17310—1998	《电视调谐接收器高保真输出最低性能要求》
GB/T 1778.1—1989	《广播用单声道录音机基本参数和技术要求》
GB/T 1778.2—1989	《广播用单声道录音机测试方法》
GB/T 1780—1992	《广播录音机测试用磁带》
GB/T 1781—1979	《广播录音基准带》
GB/T 5440—1985	《广播用立体声录音机》
GB/T 6593—1996	《电子测量仪器质量检验规则》
GB/T 12180—1990	《低频信号发生器通用测试方法》
GB/T 12181—1990	《低频信号发生器通用技术条件》
GB 5080.7—1986	《设备可靠性试验恒定失效与平均无故障时间的验证试验方法》
GB/T 8170—1987	《数值修约规则》
GB/T 1250—1989	《极限数值的表示方法和判定方法》
SJ 3258—1989	《普及级小型录音机和运带机构总技术条件》
GB/T 12165—1998	《盒式磁带录音机可靠性要求和试验方法》

参考文献

[1] 刘洪昆，等. 电子工业标准化教材. 北京: 电子工业出版社，1998.

[2] 杨永华，等. 电子企业质量管理. 深圳: 海天出版社，2000.

[3] 席宏卓. 产品质量检验技术. 北京：中国计量出版社，1992.

[4] 王毓芳，肖诗唐. 质量检验教程. 北京：中国计量出版社，2002.

[5] 袁建国. 抽样检验原理与应用. 北京：中国计量出版社，2002.

[6] 尹国盛，等. 标准化技术. 河南：河南科学技术出版社，1998.

[7] 洪生伟. 质量管理（第三版）. 北京：中国计量出版社，1996.

[8] 管莉. 电子测量与产品检验. 北京: 机械工业出版社，2008.

[9] 管莉. 实用电子测量技术项目教程. 北京: 科学出版社，2009.

[10] 吴汉森. 电子设备结构与工艺. 北京：北京理工大学出版社，1995.

[11] 王卫平，等. 电子工艺基础. 北京: 电子工业出版社，1997.

[12] 陶宏伟，等. 收录机原理与维修（修订版）. 北京: 电子工业出版社，1993.

[13] SJ/T 11179—1998《收、录音机质量检验规则》

[14] GB/T 9374—1988《声音广播接收机基本参数》

[15] GB/T 2846—1988《调幅广播收音机测量方法》

[16] GB/T 2019—1987《磁带录音机基本参数和技术要求》

[17] GB/T 2018—1987《磁带录音机测量方法》

[18] GB 8898—1997《电网电源供电的家用和类似一般用途的电子及有关设备的安全要求》

[19] GB/T 9384—1997《广播收音机、广播电视接收机、磁带录音机、声频功率放大器（扩音机）的环境试验要求和试验方法》